現役ASP役員が教える

本当に稼げる
アフィリエイト

アクセス数・コンバージョン率が
1.5倍UPするプロの技48

納谷朗裕
河井大志

ソーテック社

ご利用前に必ずお読みください

本書のASPや広告主に関する箇所は株式会社フォーイットの納谷が、SEO対策方法やサイト運営方法については株式会社Smartaleckの河井が担当して執筆しております。本文中のサイト運営に関する箇所で「弊社では○○しています。」という表記の「弊社」は「株式会社Smartaleck」を意味します。

本書の内容は執筆時点においての情報であり、ASP情報、ツールの仕様などの変更により本書通りに動作しない場合があります。またSEO対策方法についてはGoogleの公式見解ではありませんので、対象キーワードで上位表示を保証するようなものではありません。予めご了承ください。

※ 本文中で紹介している会社名、製品名は各メーカーが権利を有する商標登録または商標です。なお、本書では、©、®、TMマークは割愛しています。

はじめに

　こんにちは、株式会社フォーイットの納谷朗裕です。
　この度、株式会社 Smartaleck(スマートアレック) の河井様のご協力もあり、ASPにて現役で働く立場からアフィリエイター様へ向け、生きた情報と知識をお届けできること、とても光栄に思っております。

　私はこれまで約10年間、afb（アフィb）の社員としてASP業界に携わってきました。当時私が入社したときはサービスができたばかりで、すでに我々より先にサービス開始している他社ASPと比較しても、まだまだ小さいASPでした。
　そんな無名の状況からここまで来られたのは、ひとえにアフィリエイターの皆様と一緒に成長してきた結果だと強く感じております。

　その中で、初心者のアフィリエイター様が月間で何百万と稼ぐ、とても華やかな部分も見てきました。やはりアフィリエイトは夢（ドリーム）があり、そのお手伝いができていることをとても嬉しく思ったものです。
　逆に、これまで多くのアフィリエイト収入があったアフィリエイター様が、検索エンジンのアルゴリズムの変更やその他いろいろな規制により、アフィリエイト収入が一気にゼロに等しくなった状況にも少なからず直面してきました。
　そのときは何とも言えない心苦しい気持ちになりましたし、"アフィリエイトで稼ぐ"ということはそう簡単なことではないと実感しました。

　今、この本を手にとっていただいている皆様は、初心者の方〜十数万円ほどアフィリエイト収入がある中級者の方が多いのではないかと思います。
　まさしく今回はそんなアフィリエイター様に向けて、何かしらの参考になればと思い執筆しました。

　アフィリエイトの一般的な情報や知識ではなく、使える情報や知識をお届けしています。今よりも稼げるように、そしてそれぞれの夢（ドリーム）をつかめるよう、少しでも参考になれば幸いです。

納谷朗裕

CONTENTS

Chapter-1
アフィリエイトの基本を押さえよう

プロの技 01 アフィリエイト ASP を味方にする 12
 そもそも ASP の役割って？ 何をやっているの？
 ASP はアフィリエイターと同じ思いを持っている

プロの技 02 アフィリエイトにおける広告主の基本的な考え方 14
 なぜ広告主はアフィリエイト広告を実施するのか？
 数字だけでなく、「質の良いユーザー」を欲している
 広告主によって指標が違う
 広告主が望んでいないことはやらない

プロの技 03 アフィリエイターは「メディア」になるべし 17
 一般キーワードと、商品名やサービス名のキーワード
 ユーザーの悩みや疑問を解決できる「メディア」になろう

プロの技 04 トップアフィリエイターの思考法を身につける 21
 アフィリエイトは単なるお小遣い稼ぎではない
 ユーザー目線とサイトへの誇り
 サイト制作には外注も視野に入れる

プロの技 05 ASP 登録時の審査基準と早く審査を通す方法 24
 審査は誰が・いつ・どのように行うのか？
 ASP 登録時の審査基準は？ 審査に落ちても再度申請できるか？

プロの技 06 一発でアカウント停止（退会）になる可能性のある違反行為 26
 注意すべき違反行為とは？

プロの技 07 ASP 担当者とコミュニケーションをはかり収益 UP を狙う .. 28
 どうすれば担当がつくのか？
 ASP 担当者がつく主なメリット4つ

プロの技 08 トラッキングの仕組みを理解する 32
 正当に成果がカウントされていない？ コンバージョンの計測の仕組み

 コラム ASP はともに戦ってくれる仲間 36

Chapter-2
すぐ実践！
トップアフィリエイターと ASP 役員が教える
稼げるノウハウ

第1フェーズ：アフィリエイトサイトの構成

プロの技 09　ジャンルに特化したアフィリエイトサイトをつくる 38
- ジャンルに特化したアフィリエイトサイトとは
- 構築するにあたって気をつけるべきポイント
- 最終的にはジャンルを広げていくイメージで運営する

プロの技 10　総合メディアをつくってコンテンツマーケティング 42
- 総合メディアとは？
- 総合メディアのメリット
- 構築するときに考えておくべきこと
- 集客するときに考えておくべきこと

プロの技 11　すべての記事に役割を持たせるサイト設計をしよう 46
- 記事に役割を持たせる理由

プロの技 12　【一般キーワード】ノウハウ系記事の構成について 49
- 検索意図を満たす順番でコンテンツをつくるのが最優先
- ニッチなキーワードは検索意図に特化した記事をつくる
- 関連する画像やイラストは多く使う
- アフィリエイトする場合は違和感なく誘導する

プロの技 13　【ジャンルキーワード】ランキング、比較コンテンツの構成 ... 52
- ジャンルキーワードの検索意図
- コンテンツの順番
- 商品はアフィリエイト以外の商品も掲載しよう
- 絞り込み検索など使ってページを工夫するのがベスト

プロの技 14　【商標キーワード】商品紹介記事の効果的な書き方 55
- 商標キーワードの検索意図
- 商品レビューで書くべき内容のピックアップ方法
- コンテンツ掲載の順番
- 終始一貫して商品と絡めたコンテンツを意識する

| プロの技 15 | 基盤となる記事、補足記事の考え方 | 58 |

基幹記事と補足記事の概念について
役割ごとの基幹記事と補足記事の事例
それぞれのコンテンツ内容
想定できるユーザーの動き

第2フェーズ：SEO対策に必要なノウハウとライティング

| プロの技 16 | 「上位表示をするキーワードを大量に選ぶ方法 | 63 |

キーワード選定に使えるキーワードツール
さまざまなキーワードをピックアップする方法
集客状況からもキーワードの幅を広げる
「捨てる」キーワードはない！

| プロの技 17 | 効率的に記事を書くためのキーワードリスト制作方法 | 69 |

基本的にはGoogleキーワードプランナーを使う
複合キーワードが出てこない場合は2つのツールを組み合わせる
キーワードリスト活用方法

| プロの技 18 | ビックキーワードで上位表示するためのノウハウ | 74 |

とにかく記事執筆前のリサーチが重要

| プロの技 19 | 複合キーワードで上位表示するためのノウハウ | 77 |

専門的な記事にすべく情報を整理する
ライターに依頼するときの方法

| プロの技 20 | 魅力的な記事にするためにやるべきこと | 79 |

商品紹介をする場合はその商品の口コミをシェアする
実際に使用した人の体験談を入れる
テキストの装飾や改行
画像や動画の挿入

| プロの技 21 | 上位表示されているサイトの被リンク対策とは？ | 85 |

まずは記事の役割を考えよう
上位表示されているサイトがリンクを受けているパターン
ナチュラルな被リンクを増やす方法
ライバルサイトの被リンク状況を確認できるツール

| プロの技 22 | してはいけない被リンク対策まとめ | 89 |

自作自演の被リンクはどれだけ工夫してもバレる
してはいけない被リンクの傾向をなぜ説明したのか

| プロの技 23 | SEO 価値は「記事の質」だけで決まるものではない ....92 |

    記事の SEO 価値を決める公式

| プロの技 24 | 各記事の順位チェックと記事のカスタマイズ ....95 |

    順位チェックで正しい情報を得る?
    順位チェックにはこのツールを使う
    おおむね 30 位以内のインデックスで合格点
    順位を徐々に上げるためにコンテンツを追加する
    コンテンツで上位表示を目指すために

第3フェーズ：商品選定やジャンル選定について

| プロの技 25 | 季節のトレンドを押さえたアフィリエイト ....100 |

    さまざまな商品サービスには季節性のトレンドがある
    一挙公開♪　商品ごとの季節トレンド
    トレンドの活かし方、リスクの回避の仕方

| プロの技 26 | 初心者向けのジャンルや商品を探してみよう！ ....105 |

    初心者向けのジャンルはコロコロ変わる……？
    新着商品を細かくチェックする
    比較的新しいジャンルを探す方法
    いろいろなセミナーに参加するべし

| プロの技 27 | 中級者・上級者向けのジャンルを知ろう！ ....109 |

    中級者向けのジャンルも時代によって変わる
    中級者向けのジャンルと月商の目安
    中級者以上のアフィリエイターがやるべきこと

| プロの技 28 | 新着商品と人気商品、どちらがお勧め？ ....112 |

    新着商品は基本的に稼ぎやすい
    実際の検索数はアテにならないことが多い
    人気商品にも穴場はある！
    レベルが上がってきたら人気商品に参入しても OK

| プロの技 29 | これから売れる新着商品の見極め方 ....115 |

    売れる可能性が高い商品の見極め方
    最も重要視するのは、「広告予算が多いかどうか」
    できるだけ早く商品紹介記事を書くのがポイント
    上位表示したあとに順位が下がってきたときの対処法

    コラム　数百円の報酬の差で ASP を切り替えると…… 118

Chapter-3
ASPの裏側を知って収益を向上させよう

プロの技 30 ASPからの特別オファーを引き出す 120
  初心者はビッグワードに固執しすぎない
  アフィリエイト初心者は複合ワードを狙おう
  ASPが拡大していきたいジャンルを探り、逆オファーしていく
  広告主からの依頼もある

プロの技 31 ASPが求めるアフィリエイター 123
  成果件数の量と質の良い成果
  広告主の視点を持とう
  一緒に伸びていこうという姿勢が大切

プロの技 32 ASPによって得意なジャンルはあるのか 127
  なぜASPによって得意ジャンルが異なるのか
  オススメ主要ASPの得意ジャンル
  オススメ主要ASPの特徴

プロの技 33 クローズドプロモーションの魅力と実態 132
  そもそも何故クローズドなのか？
  クローズドプロモーションの魅力
  クローズドプロモーションの探し方
  クローズドプロモーションの提携基準

プロの技 34 特別素材の提供や取材調整でコンテンツ力アップ 136
  コンテンツがなぜ重要か？
  特別素材や取材調整でコンテンツ力アップ
  特別素材や取材調整の段取り

プロの技 35 サイトのデータを開示して特別単価をもらおう 139
  データを知ることの重要性
  サイトのデータを知るためのツール
  サイトのデータを開示して特別単価をもらおう

プロの技 36 サイト修正依頼が来た場合の対応 144
  なぜ修正対応が必要なのか？
  もしサイト修正をしなかった場合……
  修正依頼の事例

| プロの技 37 | リスティング広告の出稿違反とパトロール 148

　　出稿違反になるケース
　　「知らなかった……」で後悔しないために
　　リスティング出稿違反のパトロールについて

　　コラム　「モンスターアフィリエイター」にならないために 153

| プロの技 38 | ASPのツイッターやブログには有益な情報がたくさん 154

　　新鮮な情報を手に入れる手段と情報内容
　　ASPからの情報を集めるメリット
　　各ASPの情報提供手段と内容

| プロの技 39 | セミナーに参加して稼ぎ方を学ぼう 159

　　セミナーに積極的に参加するメリットとセミナー内容
　　セミナーに参加する前の準備
　　セミナー参加後に行うこと

　　コラム　アフィリエイト塾やスクールについて 164

Chapter-4
広告主の考えを知ってアフィリエイトに活かそう

| プロの技 40 | 承認スパンと承認作業が行われやすい日時 166

　　成果承認が行われるタイミング
　　承認スパンでみる案件の選び方
　　承認されない可能性があるケース

| プロの技 41 | 承認率の高いプロモーションを見極めよう 169

　　承認率の高いジャンル・低いジャンル
　　承認率を知る方法
　　成果の意図的な却下

| プロの技 42 | 広告主が求めるアフィリエイター..174

　　商品を好きになって特長を理解しよう
　　広告主にできない仕事を担っているのがアフィリエイター
　　質の良いユーザーを送客するには

| プロの技 43 | 商品やサービスの販売ページをチェックする癖をつけよう....179

　　販売ページをチェックする理由とチェック項目

LPのチェックポイント
　　　購入手続きの箇所もしっかりとチェックする

プロの技 44 　成果報酬ではなく固定報酬をもらおう 187
　　　固定報酬のメリットとデメリット
　　　固定報酬の種類
　　　固定報酬のもらい方

プロの技 45 　商品提供が可能な広告主 191
　　　商品提供してくれる広告主の傾向
　　　商品提供してもらうには？
　　　商品提供してもらう手段
　　　商品提供をする広告主の本音
　　　広告主の本音をインタビューしました

プロの技 46 　広告主と会うメリットとその方法 196
　　　広告主と会うメリット
　　　広告主と会う方法
　　　広告主と直接やりとりすることについて

プロの技 47 　稼働前広告の先行公開について 199
　　　稼働前プロモーションの先行公開情報を活用しよう
　　　稼働前プロモーションを知ることのメリット
　　　稼働前プロモーションを見れるASPとその使い方

プロの技 48 　提携できない広告主の実態 202
　　　そもそもなぜ自動提携ではないのか？
　　　手動提携で提携が進まない理由
　　　自動提携を選ぼう

　　あとがき 207

Chapter - 1

アフィリエイトの基本を押さえよう

アフィリエイトサイトを制作し、集客＆収益化していく前に、広告主とASPそれぞれの考え方・収益をあげているアフィリエイターの考え方・アフィリエイトの基本的なルールについて説明をしていきます。まずは基本的なことを理解して、アフィリエイト活動に落とし込んでいきましょう。

プロの技 01　アフィリエイトASPを味方にする

ASPは、アフィリエイターと広告主の架け橋です。アフィリエイターであるあなたにしっかりと稼いでもらえれば、広告を多くの人に見てもらいたい広告主のメリットにもつながります。ASPとアフィリエイターは、同じ思いを持っているのです。

Point
- アフィリエイターが本来行う必要がある営業や交渉活動をASPが代わりに担っている
- ASPはビジネスパートナー
- ASPは中立な管理者

そもそもASPの役割って？　何をやっているの？

「よし、アフィリエイトをはじめるぞ！　稼ぐぞ！」と思ったら、まずはASPに登録することでしょう。しかし、**ASPが何をやっていて何のために存在しているのか**を考えて登録している人は、きわめて少ないのではないでしょうか。

1 たくさんの広告主と契約する役割

ASPの役割の第1に挙げられるのが、**数多くの広告主と契約し、アフィリエイターにできるかぎり多くの広告を選んでもらう状況をつくる**ことです。

もし、ASPが世の中になかったとしたらどうでしょうか。アフィリエイターみずから広告主をゼロから探さなければいけませんし、仮に探し当てたところで契約を結べるとはかぎりません。これを、載せたい広告の数だけ個別に交渉していくとなると気の遠くなる話です。本来アフィリエイターが注力すべきサイトの制作やコンテンツの充実を図る時間がなくなってしまうでしょう。

2 成果を測定する役割

役割の2つ目は、**成果の測定（トラッキング）**です。アフィリエイトは、広告を掲載しただけではお金は稼げません。広告を掲載したあとで、物が売れたり、サービスへの申込みなどがあってはじめてお金が発生します。

つまり、**掲載した広告からどれだけ成果が発生したかわかる仕組みが必要**です。それは、とても個人の力では及ばない大きなリソースを要します。

3 アフィリエイターと広告主、双方のメリットを調整する役割

3つ目は、**アフィリエイターと広告主とのバランサーとしての役割**です。

多くのアフィリエイターは当然、「とにかくたくさん稼ぎたい！」と思っています。逆に、広告主は「少ないコストでたくさんの購入（申込み）数がほしい」と思っています。

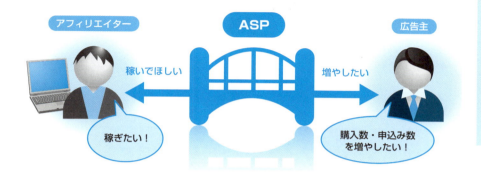

冒頭で「ASPはアフィリエイターと広告主、双方の架け橋である」とお話ししましたが、実際には全く逆のことを考えている**アフィリエイターと広告主の関係をうまく調整する**のも、ASPの仕事です。

✓ ASPはアフィリエイターと同じ思いを持っている

ASPはアフィリエイターに「稼いでほしい」と思っています。なぜなら、**アフィリエイターが稼げば稼ぐほど広告主への購入（申込み）数が増え、結果としてASPの収入も増加する**ことになるからです。

その意味で、アフィリエイターの「稼ぎたい」という思いは、ASPの思いと通じるものがあります。ASPスタッフも人間ですから、売上がないときからアフィリエイターと苦楽をともにし、稼げるようになったときには自分のことのように嬉しいものです。

両者は思いを同じくする運命共同体のようなものです。ASPの仕組みと思いを理解して味方を増やしていくことが、成功への第1歩となります。

Check!
1. ASPの3つの役割を知っておこう
2. ASPはアフィリエイターの味方である
3. ASPとうまく付きあって報酬をアップさせよう

プロの技 02 アフィリエイトにおける広告主の基本的な考え方

広告主も目的があってアフィリエイト広告を実施しています。広告主が何を望んで、何を望んでいないのか。これを理解することで、ASPとの交渉や関係構築に役立ちます。

Point
- 広告主の立場になって考える癖をつけよう
- 広告主のビジネスモデルを把握しよう
- 広告主はどんなユーザーがほしいのかを必ずイメージしよう

なぜ広告主はアフィリエイト広告を実施するのか？

インターネット広告には数多くの手法があります。

● 主な広告手段

- Yahoo!に代表される大手メディアへの純広告
- Google広告やYahoo!のスポンサードサーチなどのリスティング広告
- TwitterやFacebookなどのSNS広告

しかしそれらの広告に出稿したからといって、コストに見あった購入数や申込み数があるかというと、必ずしもそうとはかぎりません。100万円のコストがかかったのに申込みがゼロだった……ということも十分にあり得ます。

一般的なビジネスと同じく、広告主もなるべく少ないリスクで最大限の見返りを求めています。つまり、**いかにリスクを少なくして質の良い購入（申込み）者を増やすか**というのが広告主の永遠の課題といえます。**成果報酬で実施でき、費用対効果に優れているアフィリエイト広告こそが、その課題に応える広告**なのです。

矢野経済研究所が発行している「アフィリエイト市場の動向と展望2018」によれば、アフィリエイト市場規模は年々右肩上がりで伸びており、2017年では約2,275億円になる見込みです。2021年には4,058億円になると予測されており、広告主にとってもなくてはならないマーケティング手法の1つになっています。

✓ 数字だけでなく、「質の良いユーザー」を欲している

先ほどから「質」というキーワードを使っていますが、アフィリエイト広告における質とは、**広告主が求める利益になるような行動をしてくれるユーザーが多いかどうか**という点です。

たとえば、500円のお試しセットをアフィリエイト広告している企業があるとします。このような健康食品会社はユーザーが500円のお試しセットを購入したあと、本商品の購入や定期購入に至ることが最終目標です。500円のお試しセットが売れたからといって、広告主に利益が出るわけではありません。**お試しセットで見込み客を集め、本商品購入や定期購入をさせてはじめて利益が出る**のです。

つまり、500円のお試しセット購入者の多くが本商品を購入してくれれば、これらの見込み客は「質の良い見込み客」となります。また、定期購入で本商品を継続して購入してくれる人が多い場合も、「質の良い見込み客」となります。

✓ 広告主によって指標が違う

ただ、この「質」の考え方は広告主によってさまざまです。"本商品を購入してくれる割合が高ければ「質の良い見込み客」とする"のか、"継続的に購入してくれる割合が高ければ「質の良い見込み客」とする"のかなど、広告主によって指標は違いますが、いずれにしても広告主は「質」を見ているといえます。

質の良いユーザーを集めることができたアフィリエイターは、広告主から**特別単価**という高い報酬額でアフィリエイトできるようになることもあります。

このように自分の利益以外にも「広告主の利益って何だろう？」ということも考えながらサイト作成を行うと、**最終的には自分に恩恵が返ってきます**。そのために本書の第2章以降をしっかりとチェックして、アフィリエイト活動をしていきましょう。

● 広告主が考える「質」の例

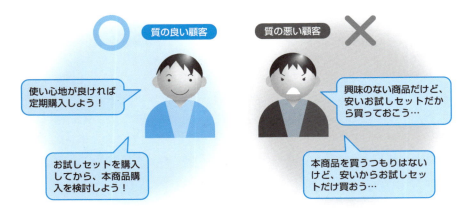

✓ 広告主が望んでいないことはやらない

　広告主があらかじめ定めたルールに違反して、集客や商品の紹介することは当然望まれていません。

　よくあるケースですが、広告主の商品名やサービス名などのキーワードでリスティング広告を出稿することが禁止されているのにこっそり深夜だけ出稿したり、地域を広告主の所在地以外で出稿したりすることはもちろんNGです。

　また、「○○という表記や表現はNG」と規定されている場合もあります。これは**アフィリエイト上の問題だけでなく、その表記や表現を使ったために法律に抵触してしまう可能性もあります**。こうなっては、広告主だけではなくサイトを運営しているアフィリエイター自身にも責任が及ぶことが避けられません。

　当然、規定がなくても各種法令を遵守することはいうまでもありませんが、万が一、ルール違反や表記誤りなどがあった場合は、後回しにせずすぐに修正を行い、トラブルを回避しましょう。

　事態への早急な対応ができるアフィリエイターになることは、広告主が望んでいることの1つでもあります。

> **Check!**
> 1. 広告主はリスクが少なく質の良い購入者を増やしたいと思っている
> 2. 質の良いユーザーを送客して好条件をもらおう
> 3. ルールを守ってアフィリエイトしよう

プロの技 03 アフィリエイターは「メディア」になるべし

商品やサービスを売りたいあまりに、ユーザーが逃げていくようなコンテンツを提供していませんか？ ユーザーが求めていることが何なのかを考えた「ユーザー第一主義」でサイトを制作することが大切です。

Point
- メディアになることの重要性
- 顧客は誰かということを常に意識しよう
- ユーザーのニーズや悩みに応答できるサイトづくりを心がける

✓ 一般キーワードと、商品名やサービス名のキーワード

キーワードでSEO対策をして稼ぐ場合、大きく2通りの方法が考えられます。1つは**一般キーワードでSEO対策して稼ぐ方法**、2つ目は**商品名やサービス名のキーワードでSEO対策して稼ぐ方法**です。

1 一般キーワードでSEO対策して稼ぐ方法

一般キーワードとは、たとえばニキビ関連の商品をアフィリエイトする場合の「ニキビ　予防方法」「ニキビ　治し方」「思春期ニキビ　原因」などといった、「ニキビ」関連のキーワードのことをいいます。

商品名やサービス名のキーワードで上位表示して集客するサイトだと、購入（申込み）意欲が高いユーザーが集まる反面、その商品やサービスがアフィリエイトできなくなってしまった場合のリスクがあります。

逆に一般キーワードによる集客は、**1つの商品にとらわれずいろいろな商品を紹介できるため、ある商品が終了してもほかの商品を紹介することでリスクヘッジになり、稼ぎの幅も広がります。**

2 商品名やサービス名のキーワードSEO対策して稼ぐ方法

その名のとおり、広告主の提供している商品名やサービス名のことです。ブランドネームや指名キーワードということもあります。前述したとおり、そのキーワードで検索してくるユーザーは購入意欲が高いので、**「商品名」**、**「商品名＋口コミ」**「商品名＋評判」などでSEO対策するのが一般的です。

ユーザーの悩みや疑問を解決できる「メディア」になろう

ここで、一般キーワードで集客するサイトを作成するとしましょう。

その場合、サイトを訪れてくれた時点で購入（申込み）を決めているユーザーは極めて少なく、自分の悩みや疑問を解決したいと思って情報を探しているユーザーがほとんどです。ダイエットに関するサイトであれば、「短期的に痩せられる商品はないのかな？」「3kg痩せるにはどうしたらいいのかな？」「ダイエットの方法って何があるんだろう？」など、いろいろな悩みや疑問を持ったユーザーが訪れます。その際それらのユーザーに満足してもらい、結果的にあなたのサイトから購入（申込み）してもらうためには、**単純な商品紹介だけではなくユーザーが求めている情報を提供する**ことが必要です。

つまり、雑誌や新聞のように、**読者にとって有益な情報（コンテンツ）がある「メディア」になる必要がある**のです。

❶ ターゲットを明確にする

アフィリエイトサイトの場合、商品やサービスの広告をアフィリエイターが選択できるため、どうしても「売る」ことばかりに目が向いてしまいがちです。しかし、これが落とし穴なのです。あなたのサイトを**「ユーザーが求めている情報を的確に提供できるコンテンツのあるメディア」として価値あるものにする**ことを忘れてはいけません。

ユーザーが求めている情報を知るには、ペルソナ設定が役に立ちます。ペルソナとは、**架空のターゲット**のことです。

● ダイエットをテーマにペルソナ設定の基本属性、サイト訪問のタイミングと目的を考える

基本属性
- ❶ 年齢
- ❷ 性別
- ❸ 職業
- ❹ 年収
- ❺ 未婚・既婚
- ❻ 好きなTV番組
- ❼ 好きな雑誌
- ❽ 起床・睡眠時間

など

タイミング	サイトを訪れる目的
❶ デートを前に	彼氏にほめてもらいたいから痩せたい
❷ 結婚式を控えて	結婚式でキレイに写った写真をいつまでも
❸ 産後	なるべく負担のないやり方で元の体重に戻りたい
❹ サマーシーズンに	水着を着るのですぐに3kg痩せたい
❺ 年齢を感じた	代謝が落ちてきたのが気になる。何かいい方法は？

❷ ペルソナ設定をもとにストーリーを織り込む

　たとえば、先ほど挙げたダイエットサイトで考えましょう。紹介したい商品（サービス）に対して、「どんな人が」「どのタイミングで」「なぜサイトに訪れたのか」などを想定します。ペルソナ設定をしてターゲットが明確になったら、ある程度ストーリーを織り込みます。

> ＜30代前半女性　職業は会社員＞
> 特に太っているわけではないが、近々結婚式を控えており、結婚式でドレスを着るために二の腕や背中の部分のシェイプアップをしたいと思っている。そこで、
> 「効率的なダイエット方法はないか」
> 「短期間でできるダイエット方法はないか」
> 「自宅でできるダイエット方法はないか」
> 「手軽に買えるダイエットサプリはあるのか」ということを調べている

　これらのターゲットが求めているであろうコンテンツを作成してあげればいいのです。すると、次のようなコンテンツが適切と判断できます。

● ペルソナ設定をもとにしたサイト展開

> ● 二の腕のシェイプアップを自宅でできる体操方法
> ● くびれを効果的につくる筋トレ方法
> ● 自宅でできる効果的な半身浴の仕方
> ● 会社の付きあいで食事制限できないときに活用できる、脂肪や糖の吸収を抑えるサプリの紹介

　そしてこれらのコンテンツから自然に商品（サービス）紹介へ結びつけるのです。ユーザーが求めているコンテンツを提供できればサイトへの満足度も上がり、押し売り感もなく、売りたい商品（サービス）を紹介できるでしょう。
　また、**しっかりしたコンテンツを提供することによって、「このサイトは優良なサイト」という信頼感が増すので、紹介している商品を継続的に購入してもらえる**ようにもなります。

❸ ターゲットを理解する

　ユーザーから評価されるメディアとなり、アフィリエイトで稼ぐ場合は、本気でその商品（サービス）やジャンルについて調べたり、勉強したりする必要があります。稼いでいるアフィリエイターは、アフィリエイトする商品を実際に使ったうえで、体験談を掲載することが多いのです。

　ペルソナ設定した人が好みそうな雑誌を読んだり、その年代の知りあいに話を聞いてみたり、Yahoo!知恵袋などの悩み解決サイトで想定している悩みがないかチェックしてみたりすることも大切です。そうすることで、ユーザーの気持ちがわかり、さらにペルソナ設定に寄り添ったサイト運営ができるようになります。

　良いコンテンツをつくるには、まず相手を知ることが重要です。結果的にそれが良い「メディア」となります。ユーザーの奥深い部分に刺さるオリジナリティある情報を提供できれば、SEOでも有利になります。また情報の鮮度も重要なので、頻繁に更新できるとさらにいいでしょう。

> **Check!**
> 1. ユーザーの悩みや疑問を解決するコンテンツをつくろう
> 2. ペルソナ設定をしてターゲットを明確にしよう
> 3. ターゲットの気持ちや立場になってコンテンツを作成しよう

プロの技 04 トップアフィリエイターの思考法を身につける

アフィリエイトをはじめるときに、一度は「月に○百万円稼ぎたい」などと思ったことがある人もいるのではないでしょうか？　そのためのノウハウについては第2章以降で説明しますが、ここではまず月に数百万円以上を稼ぎ出すトップアフィリエイターが、どのような考え方をしているのかをお伝えしていきます。

Point
- 最初は負荷がかかっても続けることが何より大事
- 自信のあるサイトにするための勉強や情報収集は欠かさない
- トップアフィリエイターは外注して時間をうまく使う

アフィリエイトは単なるお小遣い稼ぎではない

　トップアフィリエイターのほとんどがアフィリエイトを本業とし、毎日の生活をアフィリエイト収入で成り立たせています。家庭がある人の場合、家族の生活がかかっているため、生半可な気持ちではできません。誰かが守ってくれるわけでもありませんし、すべて自己責任です。そのため、**アフィリエイトをお小遣い稼ぎではなく、ビジネスとしてとらえています**。

　たとえばサラリーマンとしてお金をたくさん稼ぎたいと思った場合、会社に実力を認められるために、技術を磨いたり新しい知識を学んだりしなければなりません。それと同じように、トップアフィリエイターも努力を重ねています。真剣に仕事としてアフィリエイトで成功を収めようとしたからこそ、得られる結果なのです。

ここまで読んで、「アフィリエイトってとても大変なのでは……」と不安になった人がほとんどだと思います。しかし、「トップアフィリエイターまでは目指していないが、お小遣いぐらいは稼ぎたい」と思っている人もここでお話ししたことは心に留めておいてほしいのです。
　なぜなら**アフィリエイトをはじめて1年も経過すれば、稼げる割合は飛躍的に上がる**からです。

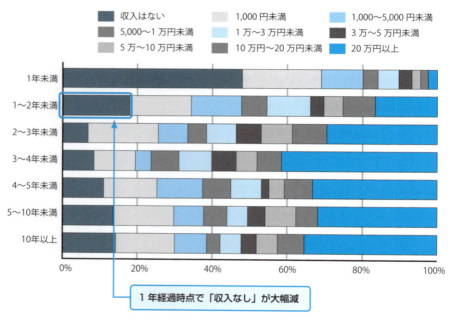

● アフィリエイト経験年数と月額収入金額

1年経過時点で「収入なし」が大幅減

参照　アフィリエイトマーケティング協会「アフィリエイト・プログラムに関する意識調査」2016年

　アフィリエイトマーケティング協会が行った調査によると、アフィリエイト経験1年未満の人のうちの約45％が、アフィリエイト収入はゼロでした。ところが、2年目以降は収入がゼロの割合が約20％以下になり、逆に20万円を稼げる人の割合が飛躍的に上がっています。
　まずは、そこまでのモチベーションを保つためにも、トップアフィリエイターと同じ思考法を身につけましょう。何事もそうですが継続するのはとても大事です。

ユーザー目線とサイトへの誇り

トップアフィリエイターが「稼ぎたい」と思っていることは大前提ですが、彼らのモチベーションはそれだけではありません。**自分のサイトに訪れてくれたユーザーに対して、悩みを解決したり正確な情報を伝えたりと、そのユーザーにとって何らかのプラスを与えたい**と考えています。

そのために「どうやったらほかのアフィリエイターが提供していない情報を提供できるのか？」と真剣に考えているのです。本を読んで勉強することはもちろん、広告主へ取材してオリジナリティあるコンテンツにしたり、もっとわかりやすくユーザーに響く切り口はないかとアイデアを練ったりするなど、試行錯誤しています。

そのような**ユーザー目線が、結果的にサイトへの信頼の向上や、購入率（CVR）が上がって成果につながる**ことをトップアフィリエイターは知っているのです。自分で「これはユーザーの立場になって考えられているか？」と突き詰めることが、サイトへの誇りになります。

サイト制作には外注も視野に入れる

トップアフィリエイターになれば、規模拡大のために自分の負担を減らすことを考えます。かぎられた時間のなかで、自分1人でできることには限界があるため、さらに売上を大きくしようと思えば自然な発想です。

具体的には、化粧品ジャンルのサイトを新たに作成しようとしたとき、アフィリエイター自身はSEOに専念し、記事作成はクラウドソーシングで化粧品に詳しいライターに外注するケースなどが考えられます。こうすることで、より多くのサイトを作成できるうえ、自身は専門のSEOに注力できるメリットがあります。

トップアフィリエイターは、規模を拡大させていくという大きなビジョンを持っていることが多いのです。

Check!
1. アフィリエイトを仕事ととらえ、真剣に取り組もう
2. ユーザー目線のサイトを自信を持って運営しよう
3. 一人でやるよりも外注できるところは得意な人に任せよう

プロの技 05　ASP登録時の審査基準と早く審査を通す方法

アフィリエイトを実施する上で、ASPへの登録が必要になります。その際、ASPサイドでは登録情報のチェックやサイトの審査を行っています。早くASPへ登録して案件探しをはじめるためにも、審査基準と早く審査通過する方法を知りましょう。

Point
- 主な審査基準を知っておこう
- 法令や公序良俗違反は止めよう
- もし審査落ちしても再チャレンジしよう

✓ 審査は誰が・いつ・どのように行うのか？

　まず前提として、**審査はコンピュータではなく人間が行っている**ことを知りましょう。ASPにはサイト審査の担当がいて、だいたい数名で営業日に最低1〜2回、サイトのチェックを行います。**見た目で判断する外側の審査**と、**コンテンツなどの中身の審査**があります。そのためいくら優良なコンテンツが掲載されているサイトでも、サイトの見た目だけで審査が通らない場合もあります。

　「見た目」とは具体的には、登録サイト名であったりコンテンツ量であったり、登録情報の誤りなどです。まずはその部分を満たすことが必須となります。

✓ ASP登録時の審査基準は？

1　サイトのコンテンツ量は十分か

　ASP登録時に必須になる、サイトの中身をASPはチェックします。その際、パッと見で「コンテンツが少ない」と判断されると、審査には通りません。

　参考基準としては、**ブログなら記事が最低限3つ以上必要**になるでしょう。また独自ドメインのサイトであれば、少なくともトップページのデザインができていて、だいたい何が書いてあるのかがわかる状態でなければいけません。

　コンテンツのないサイトでは、ASP側も審査のしようがないので却下されてしまいます。

2　公序良俗に違反していないか

　広告主のブランドイメージを損ねることになるため、いかがわしい画像やわ

いせつな文言があからさまにある場合は審査に通りません。ギャンブルについてのサイトやネットワークビジネスについてのサイトも同様です。法令や公序良俗を守ったうえでサイト作成を行いましょう。

3 登録情報に誤りはないか

ASPに新規で登録する際に、**氏名や住所**、**銀行口座情報**、**サイト名**、**URL**など何項目も登録が必要になります。その際、不正防止のために、ASPは登録情報のチェックを行い、誤りがある場合は審査に通りません。

たとえば、「住所が存在していない」「氏名と銀行口座の名前が一致していない」「サイトのURLが間違っている」「個人名で登録しているのに企業のHPを申請している」などが挙げられます。

✓ 審査に落ちても再度申請できるか？

一度審査に落ちてしまったサイトを修正して、再度申請したい場合もあるでしょう。しかし、「今度こそ」と思って以前と同じ方法で登録を進めていくと、「このサイトでは申請できません」「すでに審査済のURLです」といった表示がされ、登録ができない状態になってしまうことがあります。

そんな場合はASPに問いあわせをして、再申請を行ってほしい旨を伝えましょう。特に決まった文章はありませんが、参考までに例を記載しておきます。

以前申請を行いましたが、不備があり審査に落ちてしまいました。
お手数をおかけしますがサイトを修正しましたので、再度審査をお願いいたします。

サイト名：3日で勝負！　ダイエット大作戦
サイトURL：http://xxxxxxx.xxxxxx

以上何卒よろしくお願いいたします。

Check!

1 コンテンツの量が少ない場合は通らない可能性が高い
2 登録情報に誤りがないか確認すること
3 審査が落ちた場合、再申請も可能

アフィリエイトの基本を押さえよう

プロの技 06 一発でアカウント停止（退会）になる可能性のある違反行為

アフィリエイトを行ううえで、遵守しないとASPを退会させられてしまう違反行為があります。重要な注意事項をいくつか紹介するので、心に留めておいてください。知らないと大きな問題に発展してしまうこともあるので、ルールを守って稼ぎましょう。

Point
- 主な違反行為や禁止事項を知っておこう
- ルールを守って長く稼ごう
- 稼いでいる人はクリーンにサイト運営している

注意すべき違反行為とは？

1 スパム行為

- メールアドレスの不正入手を行い、受信者の意向を無視してそのメールアドレスに対してメルマガを送りつけるなどの行為
- 自分で掲載した広告を自動でクリックするようなプログラムを組んで、クリック報酬を稼ぐ行為
- Twitterのアプリ連携機能などを利用して、リツイートの投稿やフォローなどを本人の意思とは関係なく行わせて拡散する行為

2 リスティング広告出稿違反

詳しくは プロの技37 で触れますが、サイトへの集客方法の1つに**リスティング広告**があります。コストはかかりますが、すぐに自分のサイトへ集客することができる便利な広告です。

リスティング広告を行ううえで守らなければいけない代表的な注意事項があるので、以下に記載します。

- リスティング広告からの集客がNGとなっているプロモーションにもかかわらず、リスティング広告で集客すること
- 出稿してはいけないキーワードが指定されているのに、そのキーワードでリスティング広告を出稿すること（企業名や商品名、サービス名が該当することが多い）

各プロモーションごとに細かく禁止事項が設定されていることもあるので、**掲載予定のプロモーションの注意事項は必ず目を通しましょう**。

3 誇大表現・虚偽・誹謗中傷

掲載する広告からの購入（申込み）がほしいがあまり、**その商品やサービスには本来ない特徴や内容を記載しユーザーに誤認を与えることは、消費者庁管轄の「不当景品類及び不当表示防止法」で禁止されています**。

また、ライバル商品を過度に批判し、自分が掲載している広告へ誘導すると、**誹謗中傷**や**営業妨害**ととらえられることもあるので注意してください。

4 著作権侵害

サイトを作成するうえで優良なコンテンツをつくることはとても大変なことです。しかし、他人の記事をコピーして自分のサイトに掲載したり、ネット上に落ちている画像を無断で自分のサイトに掲載すれば、**著作権法第119条に抵触する重大な著作権侵害にあたります**。

「どうせバレないだろう」という安易な考えは捨ててください。

5 架空申込み・なりすまし

アフィリエイトには、アフィリエイター自身が自分で掲載している広告から商品購入（申込み）を行えるプロモーションが多数あります。そのプロモーションで1人のユーザーとして、商品購入（申込み）をするぶんには全く問題ありません。むしろ自身でほしい商品を買って、更には報酬までもらえるので活用しない手はないでしょう。

ただし、ここにもやってはいけないことがあります。たとえば、誰かの名前や住所や電話番号を使ってその人になりすまして商品購入（申込み）したり、存在しないデタラメな名前や住所をいれて商品購入（申込み）することです。勝手に名前などを使われた人や広告主に多大な迷惑がかかるので、絶対にやめましょう。

Check!
1. 当たり前だが、法律に抵触するようなことはしてはいけない
2. 各プロモーションごとにルールがあるので必ず目を通すこと
3. ルールを守ったほうが長く稼ぐことができる

プロの技 07　ASP担当者とコミュニケーションをはかり収益UPを狙う

ASPの担当者がいるのといないのでは大きく収益性が変わってきます。なぜなら情報の量と質、報酬条件などで差がつくからです。ここでは「どうすれば担当がつくのか」「担当がつくとどんなメリットがあるのか」をお話しします。

Point
- ASP担当者をつけて有利にアフィリエイトを進める
- 担当者をつけるためには実績が必要
- 担当者がつくと広告主からの印象も良い

どうすれば担当がつくのか？

結論からお話しすると、ASP担当者がつくためには**あなた自身が「有力だ」と判断されなければいけません**。ASPはアフィリエイターと一緒に成長していくビジネスモデルです。アフィリエイターの売上があがればASPの売上もあがるので、有力なアフィリエイターがさらに稼げるよう、ASP側から働きかけて積極的にコミュニケーションをとるのです。

……と、ここで「自分よりすごいアフィリエイターはたくさんいるから有力だと判断されるのはムリだ」と思った人も多いのではないでしょうか？　おそらく今これを読んでいる人のほとんどがそうではないかと思います。もちろんSEO対策が上手でビッグワードで上位表示できたり、PPC広告で巨額の資金を投下し稼いでいれば担当はつくでしょうが、どちらもそう簡単にできることではありません。

でも安心してください。そうではなくても**担当がつくチャンスはあります**。

❶ ニッチなキーワードで上位表示していれば可能性あり

その理由は**「このアフィリエイターは有力だ」という判断の基準がASPによって異なるから**です。

あるASPが「超有力アフィリエイター」にだけ担当をつけていたとしても、別のASPでは「スモールワードでSEO対策し、ある程度上位表示されているアフィリエイター」に担当をつける場合があります（ASPからのオファーに関しては プロの技31 で後述します）。

ですから、「ビッグワードではない」「巨額の資金力があるわけではない」とい

う人も、まずは**小さくてもいいので何かでキラリと光るポイントを持つ**ことが重要です。

❷ 自分からASPに連絡するのもあり

また仮に、それでASPからオファーがなかったとしてもあきらめてはいけません。**ASPに自分のサイトや集客方法をPRして、担当をつけてもらうように交渉してみましょう**。

その際、どれだけ本気でアフィリエイトを行っていくのかや、そのASPとどれだけ一緒に歩んでいきたいかというような熱意や思いも判断の材料になるので、しっかりと準備して逆オファーをしてみましょう。

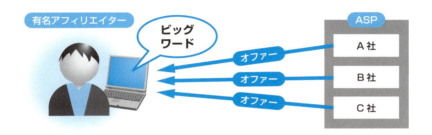

❸ 有力アフィリエイターに紹介してもらう

知りあいのアフィリエイターに紹介してもらうという方法もあります。あなたの周りに、すでにASPの担当がついているアフィリエイターはいませんか？

これまでお話ししてきたとおり、ASPの担当がついているアフィリエイターは、ほかのアフィリエイターに比べ優れたところがある人たちです。その人からの紹介となれば、ASP側にとってみてもプラスの判断に働くことでしょう。その観点から、まだ担当のついていないアフィリエイターにとって、**有力アフィリエイターと知りあいになるのは重要**です。

こうした努力が実って担当がついた場合、後ほどお話しするようなメリットが受けられ、アフィリエイトを有利に展開できるようになります。もちろん、「あの人は有力アフィリエイターだ」というお墨つきももらえるという好スパイラルになっていきます。

担当が比較的つきやすいASPは、**afb（アフィb）**、**レントラックス**、**JANet**です。ぜひ、チャレンジしてみましょう！

✅ ASP担当者がつく主なメリット4つ

1 わからないことを質問できる

　アフィリエイトに正解はありません。アフィリエイトを行っていると、途中でわからないことはたくさん出てくることでしょう。**それらを率直に質問できる人がいるということは、想像以上に心強**いです。

　たとえば、似たような商品（サービス）でどちらを掲載しようか迷っている場合、担当者に購入率（CVR）や承認率、特別単価の出やすさなどを事前に聞いて、有利なほうを選ぶことができます。また、新たなサイトを作成しようと思っている場合も、これから伸びそうなジャンルを教えてもらうというメリットもあります。

　新たにサイトを作成することは楽なことではないので、失敗はしたくないはずです。そのため結果が出やすいジャンルやその攻略方法を予め質問できることは大きなメリットです。

2 ASP担当者から有益な情報が来る

　先程はアフィリエイターからASP担当者に聞けるというメリットを挙げましたが、その逆もあります。たとえば、**これから伸びそうな新規ジャンルの提案が来ます**。しかもただジャンルを教えてくれるだけではなく、そこには獲得が見込めそうなキーワードであったり、商品（サービス）の特徴やCVR、あるいは承認率データの良し悪しまで知らせてくれます。さらに、アフィリエイトサイトでの訴求ポイントもあわせて教えてくれる場合もあります。**新規でジャンル選定をするのはとても難しい**ので、大変ありがたいです。

　また、アフィリエイト商品の雑誌や新聞、テレビなどのメディアで露出される予定がある場合に、事前に知らせてもらうことで露出にあわせたアフィリエイト活動を行える例もあります。

　マスメディアでの露出が増えると、その商品の認知アップにより検索数が急増したりCVRが上がったりします。その期間は長くは続かないかもしれませんが、その波に乗れると一気に成果件数を伸ばせる可能性もあるので、知らないと損します。

3 良い条件が出やすくなる

　ASPや広告主からの信頼度が高まり、**特別報酬**や**成果地点**などの条件調整が

スムーズに行われたりする場合があります。

特別報酬とは、仮に1件1万円の報酬が入るアフィリエイトプログラムが、交渉によって1件に1万5,000円になるようなことです。

また、成果地点の条件調整とは、仮に成果発生ポイントが「商品購入」のアフィリエイトプログラムでも、交渉によって「サンプル商品購入」で成果として認められることです。

ASPが広告主に条件調整をする際も、担当つきアフィリエイターであれば安心して提案でき、広告主も「ASPが担当をつけているのであれば」という考えから良い条件を出してくれる場合があります。

4 ASP担当者と打ちあわせが行われることも

打ちあわせでは、アフィリエイターからASPへ要望や提案、逆にASPからアフィリエイターへの要望や提案、情報交換などが行われます。互いに顔を見たうえでネット上でもコミュニケーションがとれるので安心感がありますし、会って話をすることでお互いの思いを理解できたりするなどのメリットがあります。

いくつかASP担当者がつくメリットをお話しましたが、これだけでも「かなり収益アップのヒントになるのでは！」と思ってもらえたことでしょう。ほかにもメリットはたくさんあるので、担当がつくことを目指しましょう。

> **Check!**
> 1 大きな実績でなくてもいいので、ASPにアピールできる何かを持つ
> 2 有力アフィリエイターに紹介してもらう
> 3 担当がつくと有益な情報や条件がもらえる可能性がある

プロの技 08 トラッキングの仕組みを理解する

ASPの重要な役割の1つである成果の計測の技術を理解しましょう。成果計測の方法は複数あります。スマートフォンの台頭やITPなど、外部環境の変化にあわせてASPも成果計測の方法を、より優れたものになってきています。

Point
- ASPは常にトラッキング精度向上に努めている
- ASPや広告主によって採用している仕組みが異なる
- 大きくCookie方式とそれ以外に分かれる

正当に成果がカウントされていない？

すでにアフィリエイトサイトを持ちながら成果があがっていない人のなかには、「正当に成果がカウントされていないのでは？」と思ったことがある人もいるでしょう。しかし、これはあり得ません。これまでもお話ししてきたとおり、アフィリエイターと同様、**成果が発生することでASPの売上もあがるというビジネスモデルであり、アフィリエイターとASPは運命共同体**です。

わざと成果が反映されないようにすることはないので、安心してアフィリエイトを行ってください。

コンバージョンの計測の仕組み

アフィリエイターの皆さんがどれだけ一生懸命サイトづくりに励み、集客してユーザーをコンバージョン（購入や申込み）させたとしても、それを計測する仕組みがないといけません。**どれだけサイトから購入や申込みがあったかわからなければ、報酬を受け取ることはできない**のです。

ASPは中立的な立場で、成果を測定する役割を担っています。ここでは、その仕組みがどのようなものか触れていきます。少し技術的な話で難しいかもしれませんが、アフィリエイトを行ううえでぜひとも理解しておきたいところです。

1 Cookie（ASPから付与されるパターン）

古くからASPが利用しているのが、**Cookie（クッキー）** と呼ばれる仕組みで

す。具体的には、アフィリエイトサイトに掲載されている広告をユーザーがクリックしたタイミングで、ASPが管理するサーバーからユーザー（ブラウザ）にCookieを発行しておきます。

そして、そのユーザーが広告主のサンクスページ（購入や申込み完了ページ）にたどり着いたときにそのCookieを持っていれば、そのアフィリエイトサイトからの広告を経由していたと判別し、成果を発生させるというものです。Cookieにはユーザー（ブラウザ）の識別や属性、発行された日時などASPが指定したデータが記録されています。

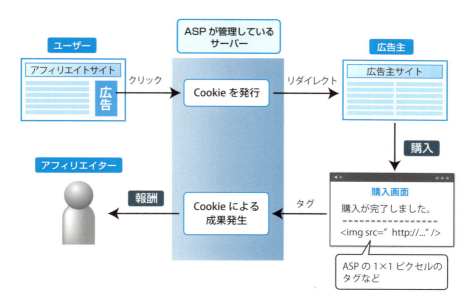

2 ソケット通信（パラメータ引き継ぎ）

アフィリエイトサイトに掲載されている広告をユーザーがクリックして広告主のページに遷移する際、**広告を判別する情報をパラメータとして渡します**。そしてユーザが広告主の購入画面（サンクスページ）にたどり着いたとき、そのパラメータをASPのサーバーに返すことでアフィリエイトサイトからの広告を経由していたと判別し、成果を発生させるというものです。

広告主側のシステムがパラメータをきちんと引き継げる仕組みを持っていれば、この方法が可能となります。その設定によっては、異なるブラウザやデバイス間でも成果測定を行うことが可能です（PCで会員登録を行って送られてきた

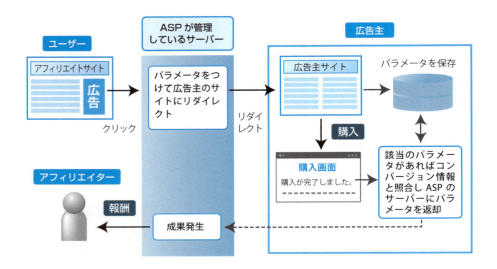

メールをスマートフォンで開き、そこに記載されたURLをクリックして登録完了となるパターンなど）。

3 IPアドレスやUser-Agent

　ユーザーのIPアドレスを判定に用いる方法もあります。アフィリエイトサイトの広告をクリックしたIPアドレスと、ユーザーが広告主のサンクスページにたどり着いたときのIPアドレスが一致すれば、そのアフィリエイトサイトからの広告を経由していたと判別し、成果を発生させるというものです。

　しかし、モバイルルーターによって接続のたびにユーザーのIPアドレスが変わってしまう場合や、共有ネットワークで共通のIPアドレスを使用している場合などもあり、IPアドレスのみで判定されることは少ないと思われます。IPアドレスと同時にUser-Agentなども判別要素として加えることで、より実用性が出てきます。

4 SDK（Software Development Kit）

　iOSやAndroidなどのアプリの場合は、一般的にSDKを利用してトラッキングを行います。アフィリエイトサイトに掲載されている広告をクリックしたとき、広告を判別する情報をサーバーに送信します。その後、ユーザーがアプリをインストールしたときにSDKから成果情報をサーバーに送信することで照合を行い、成果を発生させるというものです。

5 ファーストパーティーCookie

1ではASPがCookieを発行する仕組みでしたが、こちらは**広告主ドメインからCookieを付与する**仕組みです。

昨今ITP(Intelligent Tracking Prevention)と呼ばれる、iOS11以降のwebブラウザ「Safari」に搭載されたサイトトラッキングの抑制機能が2017年9月下旬に公開されました。これによりSafari上では追跡を目的としたようなサードパーティーのCookieに制限がかかるといわれており、ウェブ広告業界全体に大きな影響を与える可能性があります。アフィリエイト広告業界でもITPに対応すべくこのファーストパーティーCookie方式に切り替えを行っているASPが多いです。

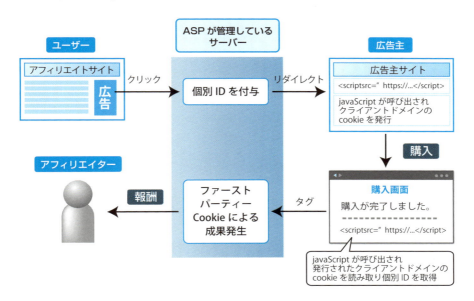

以上のように、トラッキング方法はさまざまあります。また、異なる方法を同時に組みあわせてトラッキングの精度の向上を図っているASPも存在します。

> **Check!**
> 1. ASP側で成果を発生させないようにしているということはない
> 2. Cookieの仕組みを使ったトラッキングが一般的
> 3. Cookie以外のトラッキングも存在する

ASPはともに戦ってくれる仲間

　このプチコラムは、現役アフィリエイターである河井が担当しています。それをご理解頂いたうえで、読み進めてください。
　ASP担当者が自分で言いづらい部分だったり、私自身がアフィリエイターとしてたくさんのASP担当者と接して感じた、かなりリアルな話をしていきたいと思います。

●稼げるようになっても、ASPより偉いと勘違いしてはいけない
　アフィリエイターはどれだけ稼いだとしても、ASP担当者と対等な立場に立ち、パートナーとして接することが非常に重要です。というのも、ASP担当者の情報はアフィリエイターとして大きな収益をあげるには欠かせないものだからです。

　しかし、アフィリエイターが大きな収益をあげていくにつれて、勘違いしてしまう出来事が起きます。ASP担当者がアフィリエイターに対し、異常にヘコヘコしてくれるようになるということです。

　プロの技01 で「アフィリエイターの収益がASPの収益に関係する」と書いたとおり、アフィリエイターが稼げば稼ぐほどASPも収益があがる仕組みです。
　収益をあげているアフィリエイターはASPにとって重要な存在なので、非常に丁寧に扱ってもらえます。また、急に月50万円や100万円という額を稼げるようになると、普通のサラリーマンよりもいい生活ができるようになります。

　このような状況があわさると「俺はすごいアフィリエイターなんだ」という勘違いをしてしまい、ASP担当者に横柄な態度を取る人がたまにいます。また、「アフィリエイターはASPを利用してあげているお客様」と少し偏った認識をしてしまっている人もいます。

　しかし、アフィリエイト歴が長い私から言わせると「ASPにとにかく好かれて、とにかくいい情報をもらう」というのが手っ取り早く収益化できる方法なのです。ASP担当者は機械ではないので、「好きな人には良い情報を渡しても、面倒くさい人や偉そうな人には渡したくない」というのが本音だと思います。
　これは平等、不平等というレベルの話ではなく、人間関係の問題です。

　どれだけ稼いでもASPとは対等な立場でつきあい、互いに成長していこうという姿勢は絶対に崩してはいけません。

Chapter - 2

すぐ実践！
トップアフィリエイターと
ASP役員が教える
稼げるノウハウ

第1フェーズではサイトの構成や記事の構成について、第2フェーズではSEO対策を用いた集客方法などについて説明をしていきます。第3フェーズではアフィリエイトする商品の選定方法や、ジャンルの選定方法について説明していきます。

第1フェーズ：アフィリエイトサイトの構成

プロの技 09　ジャンルに特化したアフィリエイトサイトをつくる

ジャンルに特化したアフィリエイトサイトをつくるのは、多くのアフィリエイターが行っている手法です。主に初心者〜中級者のアフィリエイターにとっては実践しやすい手法です。狙うべきジャンルについては プロの技25 以降でお話しますが、まずはどのような手法なのか確認しましょう。

Point
- ジャンルサイトはアフィリエイトに多い
- 意外と注意点が多いので慎重に進めよう
- 専門性、信頼性を高めたジャンルサイトをつくろう

ジャンルに特化したアフィリエイトサイトとは

次のサイトは、「宅配で野菜を購入できるサービス」のアフィリエイトをしています。

● ジャンルに特化したアフィリエイトサイト例：「野菜宅配を徹底検証」

このように、**1つのジャンルに特化し専門性を高めたサイトを構築する手法**がアフィリエイトサイトに多く見受けられます。そのジャンルの商品やサービスを比較してレビューしたり、いいところ・悪いところを紹介するのに加えて、そのジャンルに**興味がある人に対してノウハウを提供するようなサイト**です。

　このようなサイトは、そのジャンルに深く言及する必要があります。精力剤に関連するサイトであれば「精力」や「ED」の書籍を読んだり、AGAクリニックに関連するサイトであれば、「脱毛症」などについての書籍を読んで知識をつけて記事を書かなくてはいけません。

　専門性が高く、一般ユーザーが読んだときに新しい知識を得られるようなサイトになるように心がけましょう。

構築するにあたって気をつけるべきポイント

　ジャンルサイトを構築するにあたり、注意点がいくつかあります。

❶ 衰退ジャンルを攻めない

　市場規模が小さくなっているジャンルや、Googleのアルゴリズムの変更などによって取り組みづらくなったジャンルは避けたほうがいいでしょう。

　2017年12月の医療健康系アップデートによって医療関係者のサイトやブログが上位表示されやすくなり、一般人であるアフィリエイターのサイトは上位表示されづらくなりました。もちろん狙うべきキーワードをしっかりと選定すれば問題ありませんが、あえて難しいジャンルに飛び込む必要はありません。

　しっかりと外部環境を調査したり、ASP担当者がいれば相談してみましょう。

❷ 自分のレベルにあったジャンルを選定する

　レベル別のジャンルは プロの技25 以降でお話ししますが、初心者アフィリエイターには難易度の高いジャンル、たとえばクレジットカードやキャッシングのジャンルに参入しても、収益を発生させることは難しいです。

　逆に上級者や法人アフィリエイターが初心者向きのジャンルに取り組んでも、月間収益が10万～50万しか上がらないので手応えがなく、面白くないかもしれません。

❸ SEOで狙うのはトップページだけではない

　ジャンル系サイトを構築している多くのアフィリエイターは、トップページ

のみを何らかのキーワードで上位表示しようと考えている人が多い傾向にあります。先ほど紹介したサイトであれば、トップページを「野菜　通販」というキーワードで上位表示し、ほかの記事では上位表示を狙わないスタンスです。

しかしこのような手法は少し古く、今はジャンルサイトといえども**すべての記事に役割を持たせて、すべての記事を何らかのキーワードで上位表示を目指す**のが効果的です。具体的には プロの技11 でご紹介します。

● 様々なキーワードで上位表示させよう

❹ サイトデザインが古臭いと一気に売込み感が強くなる

ジャンルサイトはアフィリエイトサイトに多い傾向があるので、使い古されたデザインやよく見かけるようなデザインでサイト構築してしまうと、「何か売りつけられるサイト」というイメージを一般ユーザーに抱かれてしまいます。

ジャンルサイトほど、デザインには気をつけて運営しましょう。

❺ アフィリエイトできる商品やサービスだけを紹介しない

そのジャンルに特化し専門性を高めるのであれば、**アフィリエイトできない商品やサービスについても紹介しましょう**。サイトの信頼性や客観性が薄れてしまわないようにするためです。

たとえばコラーゲンと美容に特化したサイトを構築している場合、アフィリエイトできるコラーゲンドリンクやサプリはかぎられているので、薬局やコンビニで買える商品もしっかりとレビューしながら、サイト運営していくことが重要です。

最終的にはジャンルを広げていくイメージで運営する

　このようなジャンルサイトは、長期的に見ると記事のネタに困ってきます。サイトの更新が止まるとSEO的にもあまりよくないので、継続的に記事更新はしたいところですが、このとき**1つのジャンルを攻め終わったらそのサイト内に少し関連するジャンルを入れていき、最終的には総合メディアを目指す**ようなイメージで運営するのがいいでしょう。

● 総合メディアに広げていくときの例

❶ 脱毛症に関連するサイトをつくり、育毛剤をアフィリエイトしていた
❷ ユーザーのほとんどが男性なので、メンズファッションについてのジャンルも少しずつ増やした
❸ 男性用コスメも増えてきているので、男性向けの美容記事を増やした
❹ 結婚できない男性のために、恋愛と婚活の記事を増やした
❺ 最終的には、さまざまなジャンルに言及する「男性向け総合メディア」になった

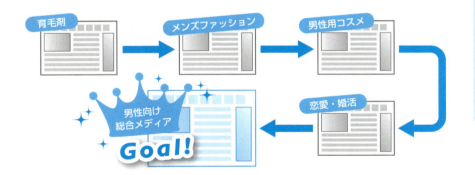

　例のように、少しずつサイトの幅を広げて「男性向け総合メディア」「女性向け総合メディア」「美容メディア」……と、大きなWEBメディアに広げていくのがお勧めです。

Check!
1. ジャンルの選定には注意すべし
2. さまざまなキーワードで上位表示を目指そう
3. 最終的に総合メディアを目指そう

第1フェーズ：アフィリエイトサイトの構成

プロの技 10

総合メディアをつくってコンテンツマーケティング

ジャンルに特化したサイトは多くのアフィリエイターが実践している手法ですが、総合メディアを構築しアフィリエイトしたほうが、効率的かつスピーディーに収益をあげられます。ここで説明する概念をしっかりと覚えて、 プロの技11 以降の手法を実践するようにしてください。

Point
- 総合メディアはメリットが多い
- 各記事の役割を考えよう
- すべての記事を上位表示しよう

✅ 総合メディアとは？

総合メディアとは、「男性向けメディア」「女性向けメディア」「美容メディア」などのように**ある程度のターゲット分けはするものの、1つのジャンルに特化せずさまざまなことについて更新していくアフィリエイトサイト**をイメージしてください。

● 総合メディアの事例：Aivy

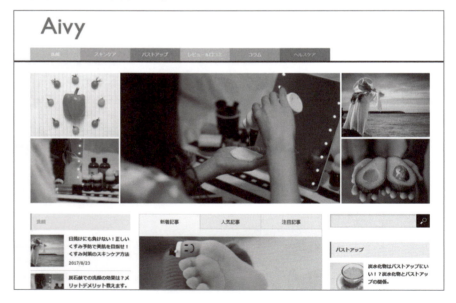

42

女性向けメディアをつくるのであれば、「スキンケア」「アンチエイジング」「健康」「ダイエット」「バストアップ」「恋愛・婚活」「心理学」「ファッション」「暇つぶしコンテンツ」「商品レビュー」など、女性が好きそうなコンテンツを入れていきます。

総合メディアのメリット

そんな総合メディアをつくるメリットはたくさんあります。「サイトの成長するスピードが遅そう」と思うかもしれませんが、ジャンルに特化したサイトと収益化できる時期は同じ程度なので、問題ありません。

❶ リスクヘッジができる

さまざまなジャンルを取り扱うので、ジャンル特化型サイトにありがちな「水素水のジャンルに特化したサイトを構築していたけれど国民生活センターの調査で問題になった」、「太陽光発電のジャンルに特化したサイトを構築していたけれど、補助金が出なくなって全然収益があがらなくなった」とになどというリスクを回避できます。

❷ 機会損失が少ない

アフィリエイターとして収益があがってくると、ASP担当者とコミュニケーションが取れるようになります。そのときにASP担当者から「婚活のジャンルが稼げますよ」という情報をもらったのに、酵素ドリンクのサイトしか持っていないと、そのサイトを活かしたアフィリエイトすることができません。

しかし総合メディアを運営していれば、そのメディアの中に婚活に関する記事を入れてアフィリエイトできるので、機会損失が少なくなります。

ASPからもらえる「このジャンルはこれから伸びる」「このジャンルはかなり収益があがる」という情報は、非常に有益な情報です。情報を活かしてアフィリエイトをしない手はありません。

❸ 最終的にはスピーディーに収益化できる

1つのサイトを長く運営してサイト内の記事が多くなり、サイトへの被リンクが増えたりすると、そのサイトのSEO価値が高まります。上記の例のように急に婚活記事を入れても、狙っているキーワードで比較的早く上位表示しやすくなります。

✅ 構築するときに考えておくべきこと

このような総合メディア型のアフィリエイトサイトを構築するときに、覚えておいてほしいことが3つあります。

❶ Wordpressで構築する

独自ドメインを取得してサーバーを契約したら、WordpressというCMSを使ってサイトを構築するのがお勧めです。無料ブログは、運営会社のサービス終了と同時に自分のサイトを失ってしまう可能性があります。

またHTMLサイトを簡単につくれるツールなどもありますが、デザイン面や記事更新方法、サイト構成の自由度を考えてもWordpressを使って構築するほうがお勧めです。

❷ 記事の役割を考える

総合メディアは、1カ月に20～30記事程度をしっかりと更新しサイト構築していきますが、**そのすべての記事の役割を考えて更新しましょう**。「何も考えずにとにかくたくさんの記事を書くぞ！」というのはやめてください。

❸ 関連するジャンルをピックアップする

さまざまなジャンルについてコンテンツを入れますが、何でもかんでも入れてしまうと「ただの雑記ブログ」になってしまいます。

男性向けメディアであれば「薄毛」「精力」「男性ファッション」「メンズスキンケア」「クレジットカード」「自動車保険」「車、バイク関連」などのように、関連するジャンルを攻めていくようなイメージをしてください。簡単にいえば、**ジャンルに特化したサイトを1つのサイトにまとめて構築するようなイメージ**です。

✅ 集客するときに考えておくべきこと

次に総合メディア型のアフィリエイトサイトを構築し、いざ集客するときに覚えておいてほしいことをお話しします。

❶ すべての記事で上位表示することを考える

昔のアフィリエイトサイトは、トップページをビックキーワードで上位表示するようなイメージでした。そのほかの記事はあくまでも「コンテンツ」であり、ほかの記事を上位表示するという概念はなかったのです。

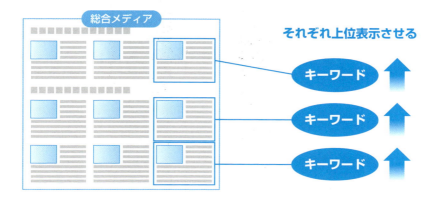

　しかし総合メディアの場合は、**200記事あればそれぞれ200キーワードで上位表示する**イメージでSEO対策をしていきましょう。こうすることで大きなアクセスを集めることができます。

❷ トップページを上位表示する必要なし

　逆に、**トップページを何らかのキーワードで上位表示する必要はありません。**もちろん上位表示しても構いませんが、トップページを上位表示しようとするとサイト名に上げたいキーワードを入れないといけないので、ジャンルに特化したサイトのようになってしまいます。

　先ほどの「Aivy」というサイト名の場合、どのようなキーワードでもトップページが上位表示されることはありません。

❸ サイト価値を高める意識をする

　総合メディアの場合、月間検索数の少ないニッチなキーワードも、月間検索数が多いビックキーワードも、1つ1つの記事で上位表示をする必要があります。そのため、**サイト全体のパワーを上げないと上位表示できません**。

　よってナチュラルな被リンクをいかに多く集めて、サイト全体の価値を高めて、各記事が上位表示できるように考えないといけないのです。

> **Check!**
> 1 機会損失をなくしスピーディに収益化しよう
> 2 大きなアクセスを集めてしっかりと収益化
> 3 サイト価値を高めて各記事を上位表示させる

第1フェーズ：アフィリエイトサイトの構成

プロの技 11 すべての記事に役割を持たせるサイト設計をしよう

ジャンル特化型サイトでも総合メディア型のサイトでも、すべての記事をしっかりと上位表示させて集客していきますが、それぞれの記事には「役割」を持たせることが重要です。ここでは3つの役割についてお話しをします。

Point
- *ノウハウ系記事は集客＆被リンク集め目的*
- *ランキング、比較、一覧系記事は収益化目的*
- *商品紹介記事は収益化目的*

記事に役割を持たせる理由

アフィリエイトはサイトに集客をし、収益をあげないといけません。集客・収益化いずれも重要です。そこで「集客するための記事」「収益化をするための記事」など**記事ごとの役割を決め、システマチックにサイト構築していく**必要があるのです。

ここでは「婚活」のジャンルに特化したサイトや女性型の総合メディアをつくることを仮定し、アフィリエイトジャンルでも盛り上がっている、「婚活ジャンル」の事例を用いてご紹介します。

1 ノウハウ系の記事

- **目的**：被リンク集め、コンテンツ強化、集客、少しだけ収益化
- **比率**：60〜80%
- **上位表示するキーワード**：一般キーワード
- **キーワード事例**：「公務員 出会い」「婚活 30代 ポイント」「相席屋 出会えるのか」
- **記事事例**：
  ・高収入男性をゲットしたい女性必見！　高収入な男性は何を考えている？
  ・相席屋は本当に出会える？　相席屋で婚活するためのポイント
  ・婚活アプリのプロフィール設定で反応率が変わる！　究極の設定方法！

サイト内で一番多くなるのは、やはり「ノウハウ系の記事」です。狙っているジャンルに関する記事や、**狙っているターゲット層にぴったりの情報を提供する記事**をノウハウ系記事と呼びます。弊社が運営しているサイト内ではこれらの記事が60〜80％を占めることが多いです。

月間検索回数が数十回しかないようなニッチなキーワードでも、しっかりと上位表示させて集客をします。読んでくれた人が自分のブログで記事を紹介してくれたり、記事投稿をしているキュレーターがNAVERまとめで引用してくれたりして、ナチュラルな被リンクが増えるためです。

弊社では、**ノウハウ系の記事の役割で一番大事なのは被リンク集め**と位置づけています。

2 ランキング、比較、一覧系記事

- 目的：収益化
- 比率：5〜10％
- **上位表示するキーワード**：ジャンルキーワード
- **キーワード事例**：「婚活アプリ オススメ」「結婚相談所　比較」
- **記事事例**：
  - ・高収入な男性と結婚したい女性向け婚活アプリ5選
  - ・国内の婚活サイト20個すべて比較してみました！
  - ・年代別！　オススメの結婚相談所7つをご紹介

「婚活アプリ　オススメ」「婚活サイト　ランキング」など、**アフィリエイト報酬が発生しやすいキーワードで上位表示するための記事**です。主な役割としては**収益化**で、その記事中で紹介しているアプリやサイトを比較してもらい、インストールや登録をしてもらうための記事です。

アフィリエイターや企業が上位表示したいと狙っているキーワードなので難易度が高いですが、上位表示することができれば大きな収益を発生してくれる可能性があります。

また記事の中に複数の商品やサービスを紹介することができるので、1つの商品のアフィリエイトが終了してもほかの商品の紹介に切り替えることも可能です。

3 商品紹介記事

- **目的**：収益化
- **比率**：10〜20%
- **上位表示するキーワード**：商標キーワード
- **キーワード事例**：「各商品名　口コミ」「各サービス名　評判」
- **記事事例**：
  ・デアエールの口コミは？　デアエールを使ってみた体験談をご紹介
  ・ケッコンデキールのオススメの使い方は？　どうやったら出会えるの？
  ・ステキパートナーっていうアプリの評判はどうなの？

　商品名やサービス名で検索する人は、購入、契約、登録しようかどうか迷っている段階の人が多いです。よって、**商品名やサービス名などの商標キーワードで上位表示できれば、比較的簡単に収益化が可能**です。

　また 2 の「ランキング、比較、一覧系記事」で各商品やサービスについて説明するものの、もっと詳しく知りたい人のための「詳細記事」として利用することもできます。

　次頁からの プロの技12 〜 プロの技14 で、各記事の執筆方法やアフィリエイトリンクへの誘導方法を具体的にご紹介していきたいと思います。

　いずれにしても上位表示するべきキーワードが定まっていなかったり、目的のない「何の役割も持たない」記事はアフィリエイトサイトには必要ありません。無駄な記事は執筆せず、すべての記事に役割を持たせるようにしましょう。

Check!

1 各記事の役割をシステマチックに考えよう
2 収益を生まなくても重要な役割を持つ記事はある
3 しっかりと収益化できる記事も仕込もう

第1フェーズ：アフィリエイトサイトの構成

プロの技 12 【一般キーワード】ノウハウ系記事の構成について

ノウハウ系記事は集客や被リンクを集めることが目的です。特に被リンク集めの重要な役割を持つ記事なので、被リンクが集まりやすくなるような記事構成についてしっかりと説明をしていきます。

Point
- いかに読んでもらうかがポイント
- 検索意図満たす記事構成にしよう
- 被リンクをもらうために画像やイラストを使おう

✅ 検索意図を満たす順番でコンテンツをつくるのが最優先

被リンクを集めるためには、まずその記事をしっかりと読みこんでもらわないといけません。記事を読み込ませるために重要なのは、**そのキーワードの検索意図を満たす順番でコンテンツ制作する**ことです。

検索意図とは**「なぜそのキーワードで検索しているのか」「そのキーワードで検索してどんな情報がほしいのか」というユーザーの意図**です。検索意図を満たす順番でコンテンツを提供していくと、長く記事を読んでもらえます。

例1 キーワード：「婚活パーティー　服装」

- タイトル「婚活パーティーに参加するときに着ていきたい服装パターン５選」
- 【目次】　1. 婚活パーティーに着ていきたい服装パターン５選
　　　　　2. オススメのブランド一覧
　　　　　3. 印象を変えるために服の色を考えよう

記事の冒頭部分から「服装パターン」を紹介していくほうがいいでしょう。その後、補足事項や関連するコンテンツを入れていくようにしましょう。

⚠️ **よくある間違い**

【目次】　1. 婚活パーティーに来る男性の属性
　　　　　2. 婚活パーティーで気をつけるべきこと
　　　　　3. 着ていきたい服装まとめ

---

2 すぐ実践！ASP役員が教える稼げるノウハウ トップアフィリエイターと

49

✅ ニッチなキーワードは検索意図に特化した記事をつくる

　検索意図を満たす順番にコンテンツをつくっていくことに加えて、**ニッチなキーワードで検索意図が明確なものは、検索意図に特化した記事にする**ようにしましょう。

　もちろん関連することに言及するのはいいことですが、前頁の「よくある間違い」にあるように、「婚活パーティーとは」などの一般論はあまり入れないほうがいいでしょう。記事をWEBライターに外注した場合に起こりがちです。

例2 キーワード：「ほうれい線　エクササイズ」

> ● タイトル「ほうれい線をなくすための顔のエクササイズ」
> 【目次】　1. ほうれい線をなくすための顔のエクササイズ
> 　　　　　2. 自宅にあるものを使ったエクササイズ
> 　　　　　3. お風呂でできるほうれい線エクササイズ
> 　　　　　4. オススメのほうれい線グッズ

　狙っているキーワードどおり、「ほうれい線」と「エクササイズ」に特化することが重要です。ユーザーの満足度も高いので紹介リンクをしてくれたり、キュレーションメディアで引用されたりして、**ナチュラルな被リンクが増えます。**

　上記のような記事をライターに依頼した場合、以下のような目次構成の記事があがってくることがあります。

⚠ 検索意図に特化していない記事構成

> 【目次】　1. ほうれい線とは？
> 　　　　　2. ほうれい線の原因は何がある？
> 　　　　　3. ほうれい線があるとこんな嫌なことが……
> 　　　　　4. ほうれい線をなくすための顔のエクササイズ

　これでは「ほうれい線　エクササイズ」というキーワードで上位表示しづらいですし、上位表示されたとしてもなかなか検索意図を満たすコンテンツにたどり着けないので、途中で読むのをやめられてしまいます。

　さらに記事中では「4.」の部分でしか検索意図を満たせないので、ユーザーにとって面白い記事ではありません。

関連する画像やイラストは多く使う

　記事中に画像やイラストを入れてわかりやすく解説すればするほど、被リンクが増える傾向にあります。自社のアフィリエイトサイトの被リンクをチェックしていると、**画像引用のためのキュレーションサイトからのリンクが非常に多い**傾向にありました。

　特にオリジナルなイラストやオシャレな写真を掲載している記事ほど、リンクが多い傾向にありました。よって弊社では、フリー素材の中でもオシャレな画像や、オリジナルイラストを使いながら記事を構成することが多いです。

アフィリエイトする場合は違和感なく誘導する

　被リンク獲得目的なので、ノウハウ系記事からアフィリエイト商品やサービスに誘導しても、爆発的にアフィリエイト報酬が発生することはありません。

　しかし「婚活パーティー　服装」で検索している人は婚活パーティーに興味がある人なので、婚活アプリを紹介すれば少なからず登録してくれる可能性はあります。もしアフィリエイト商品やサービスに誘導するのであれば、違和感なく誘導するのがいいでしょう。

例3 キーワード：「婚活パーティー　服装」

> ● タイトル「婚活パーティーに参加するときに着ていきたい服装パターン5選」
> 【目次】　1. 婚活パーティーに着ていきたい服装パターン5選
> 　　　　　2. オススメのブランド一覧
> 　　　　　3. 印象を変えるために服の色を考えよう
> 　　　　　4. パーティーが苦手な人は1対1で出会えるアプリがオススメ

　基本的にはパーティーの服装について言及しながら、パーティーとは違う良さをアピールして、婚活アプリに誘導するなどの工夫が重要です。

Check!
1. あくまでも被リンクを獲得するための記事と思おう
2. しっかりと読み込ませて被リンクをゲットしよう
3. アフィリエイトリンクを使うときは自然な流れで

第1フェーズ：アフィリエイトサイトの構成

プロの技 13 【ジャンルキーワード】ランキング、比較コンテンツの構成

ジャンルキーワードで上位表示を目指す商品やサービスのランキング、比較、一覧コンテンツは収益化することが目的です。ここでは、その検索意図からどのような構成にすればいいのかを説明します。

Point
- ジャンルキーワードの検索意図を理解しよう
- 商品サービスの比較やランキングを上部に持ってこよう
- コンテンツを工夫してしっかり上位表示しよう

 ジャンルキーワードの検索意図

「ウォーターサーバー　ランキング」「生命保険　比較」「格安SIM　一覧」などのように、ジャンル名が入ったキーワードの検索意図の多くは**比較的購入意欲の高いキーワード**です。

また「〇〇　比較」「〇〇　ランキング」という「比較」や「ランキング」などのキーワードが入っていない場合の「ウォーターサーバー」「婚活アプリ」などのような単一のジャンルキーワードでも、それらの商品やサービスの「比較したい」「一覧を見たい」「ランキングを見たい」という意図が強いです。

 コンテンツの順番

よってこれらのキーワードでコンテンツを制作する場合、ランキングコンテンツ、一覧コンテンツ、比較コンテンツなどを上部に掲載するのがいいです。

例1 キーワード：「ウォーターサーバー　ランキング」

【目次】
1. ウォーターサーバー40社の総合ランキング
2. ファミリー向けのウォーターサーバー TOP3
3. 一人暮らし向けのウォーターサーバー TOP3
4. カップラーメン食べたい！　熱湯が出るウォーターサーバー5選
5. ウォーターサーバーの選び方
6. メリット＆デメリット

検索意図に合致していない例

【目次】　1. ウォーターサーバーの選び方
　　　　　2. ウォーターサーバーを使うメリット
　　　　　3. ウォーターサーバーを使うデメリット
　　　　　4. オススメしたい家族構成
　　　　　5. ウォーターサーバー40社の総合ランキング

　これら「選び方」「メリット」などのコンテンツは確かに必要ですし、ユーザーのためになるので、記事中に入れること自体は問題ありません。
　しかし、ジャンルキーワードの検索意図からして「比較したい」「ランキングを見たい」という意図が強いので、まずはその意図を満たす形でコンテンツ制作するようにしましょう。

商品はアフィリエイト以外の商品も掲載しよう

　また記事中には、アフィリエイトできない商品やサービスについても言及するのが適切です。
　素晴らしい商品やサービスでもアフィリエイトできないものはたくさんあります。それらの商品サービスを除外して一覧をつくったり比較するのは、ユーザーメリットがそがれます。
　このようなアフィリエイトできない商品やサービスもしっかりと入れることによって上位表示されやすくなるので、必ず入れるようにしましょう。

絞り込み検索など使ってページを工夫するのがベスト

　ジャンルキーワードはアフィリエイターだけでなく、**そのジャンルに関する企業もSEO対策しようと考えているので、難易度の高いキーワード**です。これらのライバルサイトより上位表示するために、次のような工夫も効果的です。

- 比較方法を多様化する
- できるだけ多くの商品を比較する、一覧にする
- 各商品サービスの説明を詳細にする
- 「選び方」「メリット」などのコンテンツを強化する

もしこのようなコンテンツでも太刀打ちできない場合、**絞り込み検索ツール**を入れるのもお勧めです。

右図は、「価格」「年代別」「成分」「悩み別」などで、自分にあったオールインワンゲルを探すためにつくった絞り込み検索です。

本来であれば、アフィリエイター側がさまざまなランキングを用意し、ユーザーにピッタリのものを記事で紹介するのがセオリーです。

しかし、これらの絞り込み検索機能を導入すれば、ユーザー自身で自分にあった商品やサービスを探すことができます。

● 絞り込み検索ツールの例

このような絞込検索はユーザーメリットが大きく、そのページに長くとどまってくれたり、被リンクが増えたりするのでSEO効果もあります。

● お勧めの絞り込み検索ツール作成サービス

Alisearch（アリサーチ）　　http://alisearch.info/

Check!

1 まずは商品比較コンテンツを持ってくる
2 アフィリエイトできない商品もしっかり紹介する
3 絞り込み検索ツールなどでコンテンツを工夫しよう

第1フェーズ：アフィリエイトサイトの構成

プロの技 14

【商標キーワード】
商品紹介記事の効果的な書き方

特定の商品やサービスを紹介する商品紹介記事は購入意欲が高く、上位表示することができれば収益があがりやすいコンテンツです。では、どのような構成にすれば効果的なのでしょうか。

Point
- 商標キーワードの検索意図を理解しよう
- まずは書くべきことをピックアップ
- 検索意図に合致したコンテンツの順番にしよう

商標キーワードの検索意図

商品名やサービス名のキーワードで調べるときの検索意図は、「その商品のことについて詳しく知って、良さそうなら買いたい」というものが多いです。**そもそも気になっていないと、商品名やサービス名で検索することはありません**。よって、これらのキーワードでしっかりと上位表示し、以下のようなポイントをユーザーに見せることができれば、商品購入に至る可能性が非常に高くなります。

- どこがオススメポイントなのか
- どういうメリット・デメリットがあるのか
- ほかの商品と比べて何が違うのか
- 体験談やレビュー

弊社のサイトではアクセス数の5〜20%がアフィリエイトリンクをクリックし、その中の5〜10%のユーザーが紹介商品やサービスを購入しています。
ほかのキーワードと比べてアフィリエイトリンクのクリック率や購入率が高いキーワードなので、しっかりと上位表示させて収益化させましょう。

商品レビューで書くべき内容のピックアップ方法

❶ キーワードツールからピックアップする

「ケッコンデキール」という婚活アプリがあるとします。このアプリ名で検索する人は知りたいことが多岐にわたるので、自分の想像力だけでコンテンツを

つくるのは難しいです。よって、Googleキーワードプランナーやグッドキーワード（ プロの技16 参照）などのツールを使って、**その商品名やサービス名が入った複合キーワードをピックアップしていきます**。

- 「ケッコンデキール　口コミ」→ 口コミについて書く
- 「ケッコンデキール　体験談」→ 実際に使ってみて体験談を書く
- 「ケッコンデキール　使い方」→ 実際に使ってみて使い方の解説をする
- 「ケッコンデキール　月額料金」
    → 月額料金、オプション料金、解約料金などについて書く
- 「ケッコンデキール　男性会員」
    → 男性会員の数を調べる、または男性会員にどのような人が多いのか調べる
- 「ケッコンデキール　高収入」→ 高収入な男性は登録しているのか調べる

❷ ライバルサイトからピックアップする

　キーワードツールで書くべきことをピックアップしたあと、ライバルサイトはどのようなことを書いているのかチェックします。先ほどのキーワードツールでピックアップできなかったこと以外にも書いている項目があれば、自分の商品紹介記事でも説明します。この際、もちろんコピペやリライトは禁止です。
　弊社は、**ライバルサイトが書いていること以上に調べて深く言及**しています。

❸ 商品LPからピックアップする

　次に、その商品のLPを見てほかの商品サービスとどう違うのか、入っている成分は安全かなどをピックアップします。キーワードツールやライバルサイトからピックアップしきれなかったものがあれば、書くようにしましょう。

❹ 自分のオリジナルな疑問を入れる

　もし自分が使うなら、または購入するならどんな情報がほしいかを考えてみましょう。婚活アプリの場合であれば、サクラなどの業者はいないか・個人情報はしっかり管理できているか・Facebook上の友達に使っていることがばれないかなど、気になったことを記事で書いてみましょう。

✓ コンテンツ掲載の順番

　そしてこのピックアップしたものを検索意図順に目次化して、記事を書いて

いきます。この検索意図の順番は商品サービスによって異なりますが、比較的購入意欲の高いユーザーが検索しているキーワードなので、以下のようなコンテンツから紹介していくようにしましょう。

- 体験談
- どこで買えばお得なのか
- 口コミ
- ほかの商品と比べて何がいいのか

✅ 終始一貫して商品と絡めたコンテンツを意識する

ここで忘れてはいけないのが、**商品紹介記事である**ということです。商品やサービスとは関係ない一般論で記事を書いてしまっているページをよく見ます。

⚠️ 一般論になってしまっている例

> 婚活アプリの場合、しっかりと顔写真が見られるように設定をしましょう。また自分の趣味なども書いていくとメッセージが届きやすくなります。
> また最近ではタバコを吸う女性が少なくなっているので、「タバコを吸う」にしていると意外と反応が良くないようです。

◎ 商品やサービスと関連できている例

> ケッコンデキールは顔写真が非常に重要で、ほとんどの登録者が顔写真を掲載しているので、必ず顔写真を設定しましょう。またケッコンデキールの特徴として、趣味などを見て気があいそうかどうかを判断する人も多いので、自分が気になっていること、趣味などを書くのがベストです。
> またケッコンデキールの登録女性は比較的若い人が多く、非喫煙者が多いです。ですから「タバコを吸う」にチェックしていると反応が悪くなるようです。

悪い例はあくまでも一般論になっていて、婚活アプリ全体の話になっています。良い例のように「ケッコンデキールは○○の人が多いので」などのように、アプリに関しての説明になるようにしましょう。

Check!
1. ツールを使って効率的に書くべきことをピックアップ
2. ライバルサイトに負けないレビュー記事を意識しよう
3. 終始一貫して、その商品について説明しよう

第1フェーズ：アフィリエイトサイトの構成

プロの技 15 基盤となる記事、補足記事の考え方

すべての記事を何らかのキーワードで上位表示を目指し、役割を持たせるという説明を **プロの技11** ～ **プロの技14** でお話ししました。次はビックキーワードを狙う「基幹記事」、複合キーワードを狙う「補足記事」の概念について解説します。

Point
- 基幹記事の役割を知ろう
- 補足記事で基幹記事を補おう
- ユーザーの動きを想像してサイト構成しよう

 基幹記事と補足記事の概念について

記事の役割はさまざまですが、**単一のビックキーワード(例：「婚活」)を狙う記事**と、**複合のニッチなキーワード(例：「婚活　比較」)を狙う記事**の2種類でサイトを構成するのがお勧めです。

1 基幹記事

基幹記事とは**ビックキーワードを狙う記事**、すなわち**さまざまな検索意図を満たすべくたくさんのことについて網羅している記事**のことを指します。

婚活ジャンルであれば「婚活」というキーワードで上位表示すべく、「婚活」に関連するあらゆることを網羅した記事です。

この基幹記事の情報をもとに、補足記事の内容も決まってきます。たとえば基幹記事の中で「婚活アプリはケッコンデキールというアプリが一番おすすめ」と紹介しているのであれば、「婚活アプリ　おすすめ」などで上位表示を目指す補足記事でも、「ケッコンデキールが一番おすすめ」としなければなりません。

2 補足記事

補足記事とは複合キーワードを狙う記事、すなわち**かぎられた検索意図を深く満たすような専門性の高い記事**のことを指します。

基幹記事の内容を補足する記事では、専門性が重要になります。あくまでも文字数はイメージですが、基幹記事では「婚活パーティーの服装」について300文字程度で言及されていたとしても、「婚活パーティー　服装」で上位表示を目指す補足記事では2,000～5,000文字で専門的に説明する必要があります。

- 基幹記事 = ビックキーワードを狙う記事
       = さまざまな検索意図を満たすべく、たくさんのことについて網羅している記事
- 補足記事 = 複合キーワードを狙う記事
       = かぎられた検索意図を深く満たす、専門性の高い記事

役割ごとの基幹記事と補足記事の事例

一般キーワード

下記は「婚活」というキーワードで上位表示を目指す基幹記事と、その基幹記事の内容を捕捉するための記事の事例です。もちろん補足記事にも狙うべきキーワードは存在します。それぞれリンクを送りあい、ユーザビリティを高めあっています。

■ 基幹記事　狙うキーワード「婚活」

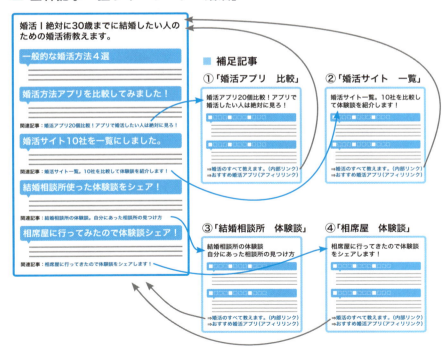

2 ジャンルキーワード

　下記は「婚活アプリ」というキーワードで上位表示を目指す基幹記事と、その基幹記事の内容を捕捉するための記事の事例です。

　基幹記事ではあらゆる角度から婚活アプリについて説明しますが、補足記事では「40代の人にオススメの婚活アプリ」を紹介する記事など専門性に特化しています。

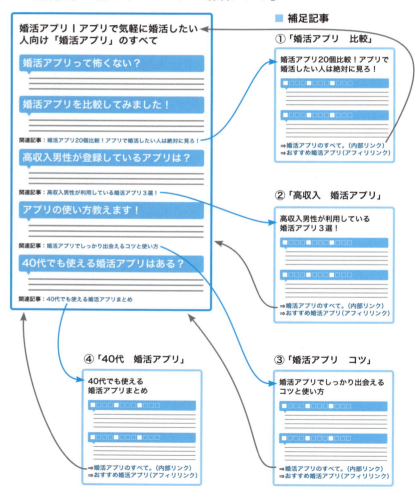

3 商標キーワード

下記は「ケッコンデキール」というアプリ名で上位表示を目指す基幹記事と、ケッコンデキールの体験談、ケッコンデキールの月額料金などの料金に特化した補足記事の事例です。

基本的に基幹記事でケッコンデキールについていろいろわかりますが、体験談について深く知りたい人は、補足記事に行けばさらに深く知ることができます。

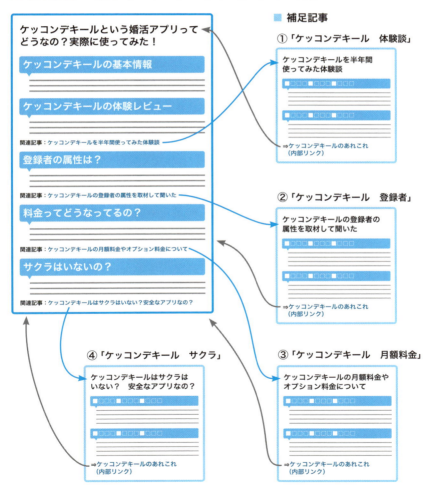

✅ それぞれのコンテンツ内容

　基幹記事は単一のビックキーワードを狙うことが多く、さまざまな検索意図を満たすため、**その商品について情報を網羅した記事**になります。

　ただし、1つの項目に深くこだわりすぎて長文になると読みづらいので、「もっと知りたい人はこちら」というような形で専門性の高い補足記事に誘導するのがいいでしょう。

　補足記事はそれらのユーザーを想定し、専門性の高い記事にしましょう。

✅ 想定できるユーザーの動き

　「婚活」「婚活アプリ」などのような単一のキーワードで上位表示し、記事を見てもらったとき、ユーザーは記事を読み進めながらも、もっと知りたい場合は補足記事を見て理解を深めてくれます。

　また「ケッコンデキール　月額料金」などのニッチなキーワードで訪問してくれたユーザーは、月額料金について読んでくれたあと、ケッコンデキールについてもう少しいろいろなことを知りたいと思い、基幹記事に移動してくれる可能性もあります。

　「まずは広く情報を知って、その次に知りたい情報を深く知る」、または「知りたい情報を深く知りつつ、ほかの情報も知る」というユーザー行動になるよう、**基幹記事も補足記事もリンクするような形で構成する**といいでしょう。

　このような構成は内部リンクのおかげや、 プロの技23 でも説明するように**SEO効果が期待できます**。

　このように**「いろいろ知りたい」をかなえる基幹記事**と**「深く知りたい」をかなえる補足記事**を組み合わせると、ユーザーの満足度を高めたサイト構成になります。ユーザーも喜びますし、サイトからの収益もあがりやすくなります。

> **Check!**
> 1. 基幹記事であらゆることを網羅しよう
> 2. 補足記事で専門的に説明しよう
> 3. 2種類の記事でSEO効果を高めよう

第2フェーズ：SEO対策に必要なノウハウとライティング

プロの技 16 「上位表示をするキーワードを大量に選ぶ方法」

現在の主流といえるコンテンツマーケティングを使って集客する場合、1記事ごとに何かしらのキーワードで上位表示を狙います。そのため、たくさんのキーワードが必要になりますが、これはどう選ぶのが適切でしょうか。ここではたくさんのキーワードを選定する方法をご紹介します。

Point
- とにかくたくさんのキーワードをピックアップしよう
- キーワードツールを使って効率的にピックアップ
- 自分のサイトをみてキーワードの幅を広げよう

キーワード選定に使えるキーワードツール

まずは、キーワードを選定する際に使えるツールを4つ見ていきましょう。

1 Googleキーワードプランナー

Googleの月間予測検索回数が調べられるキーワードツールです。入力したキーワードだけでなく、関連するキーワードの月間予測検索回数も表示されるので非常に便利です。Google広告に登録すると無料で利用することができます。現在キーワードプランナーは、Google広告を利用しないと具体的な月間検索回数が表示されません。

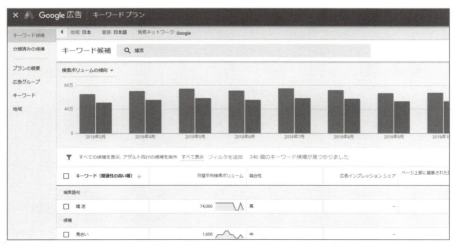

https://ads.google.com

2 Yahoo!キーワードアドバイスツール

　Yahoo!の月間予測検索回数が調べられるキーワードツールです。こちらも入力したキーワードだけでなく、関連するキーワードの月間予測検索回数を表示してくれます。Yahoo!プロモーション広告に登録すれば無料で利用することができます。

https://promotionalads.business.Yahoo!.co.jp/Advertiser/Tools/KeywordAdviceTool

3 グッドキーワード

　GoogleやBingのサジェストキーワードを抽出してくれます。Googleキーワードプランナーや Yahoo!キーワードアドバイスツールでも出てこなかったサジェストワード（複合ワード）が出てくる場合もあります。

http://goodkeyword.net/

4 keywordtool.io

keywordtool.ioは**複合キーワードを表示**してくれるツールです。意外とニッチなキーワードも含まれているので、新しいキーワード発掘などに使えます。

キーワードを五十音順で表示してくれる、使い勝手のよさが人気です。

☐ ニキビ _	ニキビ あご		☐ ニキビ い	ニキビ 痛い
☐ ニキビ あ	ニキビ 赤み		☐ ニキビ い	ニキビ 位置
☐ ニキビ あ	ニキビ 跡		☐ ニキビ い	ニキビ 意味
☐ ニキビ あ	ニキビ 赤い		☐ ニキビ い	ニキビ 一日で治す
☐ ニキビ あ	ニキビ 脂		☐ ニキビ い	ニキビ 遺伝
☐ ニキビ あ	ニキビ 跡 消す		☐ ニキビ い	ニキビ イボ
☐ ニキビ あ	ニキビ 悪化		☐ ニキビ い	ニキビ 硫黄
☐ ニキビ あ	ニキビ アレルギー		☐ ニキビ い	ニキビ 位置 意味
☐ ニキビ あ	ニキビ アット コスメ		☐ ニキビ い	ニキビ イケメン
☐ ニキビ あ	ニキビ あご 意味		☐ ニキビ い	ニキビ インジン
☐ ニキビ あ	ニキビ 赤ら顔		☐ い ニキビ	胃 ニキビ

http://keywordtool.io/

✅ さまざまなキーワードをピックアップする方法

アフィリエイトで扱う商品やサービスは自分が作ったり販売しているわけではないので、訪問してくれるユーザーが「どのようなキーワードで検索しているのかわからない」「どのようなキーワードで検索した人が購入するのかわからない」ということがよく起こります。まったくキーワードの見当がつかないのに大量にキーワードをピックアップしなければならないというジレンマに陥ります。

そこで、大量にキーワードを発掘できる手法をご紹介します。ここでは以下の条件を想定しキーワードを見つけていきます。

> - **ツール**：Googleのキーワードプランナー
> - **売りたい商品**：ニキビを改善する化粧水
> - **条件**：ニキビを治す化粧品をアフィリエイトをしたいが、自分がニキビで悩んだことがないので、ユーザーがどんなキーワードで検索しているのか全く見当がつかない状態

手順1 とりあえず「ニキビ」をあたる

ここでは検索ワードにまったく見当がつかない状態です。ひとまず「ニキビ」というキーワードを入れてみます。

　これだけでも関連するキーワードが801個も抽出されました。これらはすべてキーワード候補に入ります。しかし、「ニキビ　薬」「ニキビ　治し方」のように、複合ワードが多くなっています。

手順2　想像もつかないキーワードを選定

　そこでもっと多角的にキーワードを拾うために、複合ワード以外のものをリストアップします。すると下記のような検索ワードが見つかります。

- 「吹き出物」　●「肌荒れ」　●「アクネ」　●「肌の赤みを治す方法」

　自分とはまったくなじみのない検索ワードでも、キーワードプランナーを使うと上記のような言い換えに気づくことができます。また言い換えワードが見つかった場合は、それらを再度調べてみることでより広がりのある対策が打てます。

手順3　さらにキーワードの幅を広げていく

　たとえば上の例のように「アクネ」と出てきて、「そういえばアクネ菌ってニキビの原因だ！」と思い「アクネ菌」と入力し調べるとします。すると以下のようにさらにキーワードの幅が広がります。

- 「尋常性ざ瘡」　●「皮脂分泌」

そのほかにも「ニキビ　○○」の中でもよく出てくるものや、気になったものをピックアップして再度入力してもいいでしょう。

- 「ニキビ跡」 ● 「ニキビ　色素沈着」 ● 「大人ニキビ」

上記の方法で適切なキーワードを探して行けば、見当が全くつかないということはなくなるはずです。

手順4 キーワードをリスト化して保存する

上記の作業で見つかったたくさんのキーワードはそのままにせず、リスト化して保存しましょう。そのリストに沿って記事を執筆すれば、もれなく記事を書けます。エクセルファイルにして保存するのがお勧めです。

Googleキーワードプランナーでは一気にキーワードのリストをCSV形式でダウンロードできるので活用しましょう。

	A	B	C	D	E	F	G	H	I	J	K	L
1	Ad group	Keyword	Currency	Avg. Month	Competitio	Suggested	Impr. share	Organic im	Organic av	In account	In plan?	Extra
2	Seed Keyw	ニキビ	JPY	74000	0.89	823				N	N	
3	Keyword Id	ニキビ跡	JPY	60500	0.94	288				N	N	
4	Keyword Id	ニキビ 皮膚	JPY	9900	0.93	602				N	N	
5	Keyword Id	にきび	JPY	8100	0.79	505				N	N	
6	Keyword Id	ニキビ 薬	JPY	22200	0.72	250				N	N	
7	Keyword Id	ニキビ跡 消	JPY	18100	0.85	298				N	N	
8	Keyword Id	ニキビ 治す	JPY	12100	0.61	259				N	N	
9	Keyword Id	ニキビ治療	JPY	4400	0.9	487				N	N	
10	Keyword Id	大人ニキビ	JPY	12100	0.92	422				N	N	
11	Keyword Id	ニキビ 治し	JPY	18100	0.35	244				N	N	
12	Keyword Id	ニキビ 原因	JPY	14800	0.28	244				N	N	
13	Keyword Id	ニキビケア	JPY	9900	0.91	422				N	N	
14	Keyword Id	背中ニキビ	JPY	40500	0.93	265				N	N	
15	Keyword Id	皮膚科 ニ	JPY	6600	0.94	680				N	N	
16	Keyword Id	吹き出物	JPY	12100	0.57	301				N	N	
17	Keyword Id	ニキビ跡 治	JPY	3600	0.9	297				N	N	

✓ 集客状況からもキーワードの幅を広げる

そのほかにもキーワードの見つけ方はあります。ある程度サイト構築を進めてアクセスが集まるようになったら、GoogleアナリティクスやGoogleサーチコンソールを使って、**自分のサイトがどのようなキーワードで検索されているのか**を調べてください。それらのキーワードを眺めて、キーワードの幅を広げられないか常にチェックします。

精力剤のサイト運営をしていたとき、上位表示を狙っていないにもかかわらず「ピーマン　性欲」というキーワードで検索されていることがわかりました。こんなとき、「こういうキーワードで調べる人もいるんだ」と見過ごすのではなく、「もしかすると『野菜＋性欲』『魚介類＋性欲』『肉＋性欲』でも調べられて

るんじゃないか？」と疑い、すぐにGoogleキーワードプランナーで検索してください。

　結果的には、さほど検索数は多くはありませんでしたが、さまざまな野菜や魚介類・肉類でも調べられていることがわかりました。その後、これらのキーワード1つ1つで上位表示すべく、記事を追加したことはいうまでもありません。

「捨てる」キーワードはない！

　ピックアップしたキーワードは、すべて記事化する予定で作業を進めてください。私は月間検索予測回数が10～20程度の検索ワードでも記事化をしていきます。ただし、類似の検索ワードは1つの記事で対応することとします。

「ニキビ　改善」
「ニキビ改善策」
「ニキビ改善方法」
「にきび　改善」
「にきび　改善策」
「にきび改善方法」
などの場合は、上記の6つを狙った記事を1つ書く

　このようにたくさんのキーワードをピックアップしたあとは、キーワードリストを制作し、記事を執筆していくことになります。ここでは基本的なキーワード選定方法をご紹介しましたが、次の プロの技17 では、キーワードリストを制作するための具体的な方法についてご紹介していきます。

　先にキーワードリストを制作しておかないと、自分で記事を書く場合もライターを使って更新する場合も、どのキーワードで上位表示するための記事を書き終えたのかわからなくなってしまいます。キーワードリストのつくり方は、必ず覚えておきましょう。

Check!

1　Googleキーワードプランナーで大量にピックアップ
2　Googleアナリティクスやサーチコンソールもヒントが満載！
3　とにかくすべてのキーワードを押さえるように記事を書く

第2フェーズ：SEO対策に必要なノウハウとライティング

プロの技 17 効率的に記事を書くための キーワードリスト制作方法

プロの技16ではあらゆるキーワードを発掘するために、キーワードツールの基本的な使い方やキーワードの広げ方を説明しました。ここではキーワードの検索意図が同じものをまとめていくリスト制作の方法をご紹介していきます。

Point
- リスト化の方法を知ろう
- 複合キーワードが出てこないキーワードの抽出方法を知ろう
- 効率的にサイト運営しよう

✓ 基本的にはGoogleキーワードプランナーを使う

まずGoogleキーワードプランナーで1つのキーワードの複合キーワードをピックアップしていきます。

例 「ニキビ」というキーワードの複合キーワードをピックアップする

手順1 Googleキーワードプランナーで「ニキビ」と入力し、「キーワードオプション」で「入力した語句を含む候補のみを表示」をオンにする

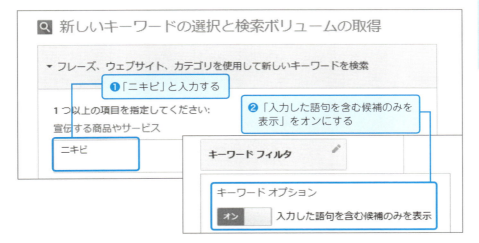

「入力した語句を含む候補のみを表示」をオンにすると「ニキビ」という言葉が入った複合キーワードだけをピックアップしてくれます。

手順2「ダウンロード」より出てきた結果をダウンロードする

　Excelなどでデータをダウンロードすることができます。ファイル形式はGoogleドライブに保存しても、Excel用CSVでも問題ありません。

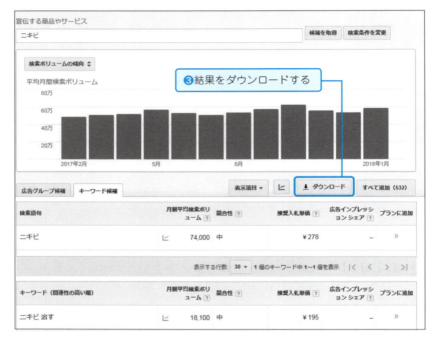

　このダウンロードしたファイルを検索意図ごとにリスト化をしていきます。

手順3 Excelの検索機能を用いて似たようなキーワードをピックアップする

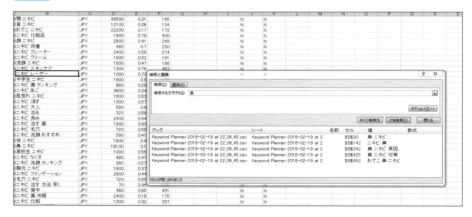

たとえば「鼻　ニキビ」というキーワードを見つけた場合、「鼻」などで検索すると「鼻　ニキビ」「ニキビ　鼻」「鼻　ニキビ　原因」「鼻　ニキビ　対策」「おでこ　鼻　ニキビ」というキーワードをピックアップすることができます。

　この中でも「鼻　ニキビ」「ニキビ　鼻」「鼻　ニキビ　原因」「鼻　ニキビ　対策」は「鼻ニキビ」について知りたいという検索意図なので、1つにまとめます。

手順4 この作業を繰り返して検索意図が似ているものをグループ化し、キーワードリストにする

　このようにして、キーワードリストを制作していると以下のようなことがひと目でわかります。

- 今後どのような記事を書くべきか
- どのキーワードが執筆済みなのか
- どのURLがどんなキーワードをねらっているのか
- どのライターにどのキーワードで上位表示すべき記事を頼んだのか

✓ 複合キーワードが出てこない場合は2つのツールを組み合わせる

　Googleキーワードプランナーで「複合キーワード」が出てこないキーワードもあります。たとえば「育毛剤」というキーワードの複合キーワードを出そうとすると、今まではたくさんの複合キーワードが出ていたのですが、なぜか「条件

に一致する候補はありませんでした」という結果になります。

　このような場合は2つのキーワードツールをあわせて使います。

手順1 keywordtool.io で複合キーワードをピックアップし、データをコピーする

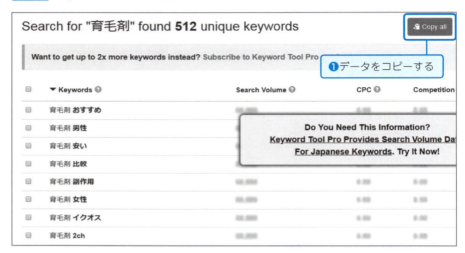

keywordtool.ioであれば、検索数は少ないものの、かなり多くの複合キーワードを選定することができます。

手順2 コピーしたデータをメモ機能などに貼りつけたら、キーワードを複数選択して Google キーワードプランナーで調べる

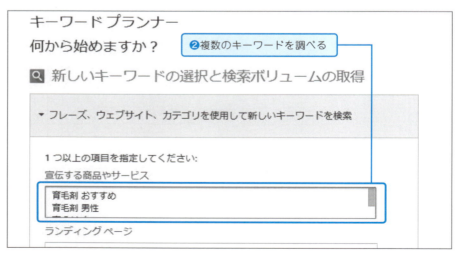

検索語句	月間平均検索ボリューム	競合性	推奨入札単価	広告インプレッションシェア	プランに追加
育毛剤	33,100	高	¥875	–	»
育毛剤 女性	5,400	高	¥622	–	»
育毛剤 おすすめ	3,600	高	¥555	–	»
育毛剤 効果	3,600	高	¥437	–	»
育毛剤 市販	1,600	高	¥297	–	»
育毛剤 男性	1,000	高	¥635	–	»

このようにすれば、複合キーワードが出てこなかったキーワードでも検索数を知ることができます。

キーワードリスト活用方法

キーワードリストを使って、サイト運営の管理もしていきましょう。71頁のキーワードリストの中に「進捗」「ライター」「URL」などがありました。

「ライター」の箇所にはどのライターに依頼をしたのかを、「URL」にはアップしたサイトのURLを掲載しています。

また、以下のように進捗度を数字で表して入力しておくのも便利です。

```
1 ⇒ 執筆ライター決定済み
2 ⇒ ライターに依頼済み
3 ⇒ ライターから納品済み
4 ⇒ サイトに投稿済み
5 ⇒ 上位表示完了
```

このようにしておけば、どのURLでどのキーワードを狙っているのかひと目でわかります。キーワードリストでサイト全体の進捗度を把握し、効率的にサイト更新をしていくようにしましょう。

Check!
1. 検索意図が同じものをまとめる
2. 複合キーワードが出ない場合は2つのツールで対応
3. 進捗状況を常に管理し、サイトの状態を知ろう

第2フェーズ：SEO対策に必要なノウハウとライティング

プロの技 18
ビックキーワードで上位表示するためのノウハウ

記事の役割、基幹となる記事などたくさんの考え方がありますが、ここでは比較的難易度の高いキーワードで上位表示させるための記事の書き方をご紹介します。難易度が高いだけに、あらゆる手段を使って書くべきことを考えないといけません。

Point
- ライバルサイトに負けないコンテンツづくりを目指そう
- 複合キーワードを整理しよう
- 工夫してオリジナルコンテンツをつくろう

✓ とにかく記事執筆前のリサーチが重要

例 「婚活」というキーワードで上位表示したい場合

ここでは基本的に、単一のビックキーワードで上位表示するための記事を書くと想定してお話しをしていきます。

1 ライバルサイトのコンテンツに負けない 網羅

まず上位表示したいキーワードでGoogle検索を行い、上位のサイト1〜20位のライバルサイトをしっかりと把握してください。それらの記事でどのようなことが書かれているのかを確認し、ライバルサイトに書かれている項目は自分のサイトでも書くようにします。

このとき、**ライバルサイトに負けないくらい専門的かつわかりやすく書く**ことが重要です。間違ってもライバルサイトで書かれていることをリライトして記事を構成してはいけません。

ただし、**検索意図に合致しない部分については書く必要はありません**。「長文が上位表示されやすい」「コンテンツは網羅しているほうが上位表示されやすい」というよくわからない理論が出ていますが、間違いです。

「ライバルに負けないように長文を書く」のではなく、**「検索意図をライバルに負けないように満たす」**のが正解です。

2 狙っているキーワードの複合キーワードを整理 網羅

単一のビックキーワードで狙っている場合、それと**連動する複合キーワードに関することを記事で書いていきます**。こちらも 1 と同様に、必要のない部分

は書く必要はありません。

「婚活」というキーワードで上位表示したい場合、まずは「婚活」の複合キーワードを調べていきます。

- 「婚活　アプリ」　→「オススメの婚活アプリについて」
- 「婚活　服装」　　→「婚活するときに押さえておきたい服装」
- 「婚活　アラサー」→「アラサーが婚活するときの注意点」
- 「婚活　アイテム」→「婚活に役立つアイテム」
- 「婚活　医者」　　→「医者と結婚するときに知っておくべきこと」

などを記事中に入れて解説します。この記事でもしっかりと言及をしますが、かなり専門的な部分は プロの技15 で説明した補足記事で補うということをしましょう。

3 オリジナルコンテンツの追加 オリジナリティ

ライバルサイトを研究したり、キーワードツールを利用するのは誰でもできる施策なので、結局はライバルサイトとコンテンツが似通ってきます。そこで、**どれだけユーザーに寄り添ったオリジナルコンテンツが作れるのかが鍵**になってきます。

このときに重要なのが**リサーチ力**です。「婚活」というキーワードで調べる人がどのようなコンテンツがほしいのかを次のような情報元から収集し、コンテンツを制作していくことになります。

❶ Yahoo! 知恵袋（https://chiebukuro.yahoo.co.jp/）

Yahoo!知恵袋で「婚活」と調べて、一般ユーザーがどのような質問をしているのかを確認しましょう。現に一般ユーザーが悩んでいるそれらの質問に対し、回答していくようなコンテンツを入れるのもいいでしょう。

❷ NAVERまとめ（https://matome.naver.jp/）

　NAVERまとめで「婚活」についてどのようなまとめがつくられているのか確認しましょう。「お気に入り数」が多かった場合、同じようなことを気にしている人が多いということが考えられます。

❸ 関連する書籍や雑誌もコンテンツ作りの参考にする

　このようなネット上の情報に加え、「恋愛」「心理学」などの書籍も読んでみましょう。ビックキーワードで上位表示させるため、1つのジャンルに特化したアフィリエイトサイトをつくる際には、そのジャンルの書籍を「読みあさる」のは絶対に必要です。

❹ 関連企業や人への取材

　そのほかにも、婚活ジャンルであれば結婚相談所のプランナーに取材したり、心理学者や占い師に取材するのも1つの手です。特にアフィリエイトマーケティングを実行している婚活アプリ開発企業、結婚相談所、婚活サイトなどであれば、自分のアフィリエイトサイトでどのようなコンテンツを制作したいのかをASP側に伝えれば取材できる場合があります。

　このとき、Yahoo!知恵袋で質問が多かったものを直接聞いてみてもいいでしょう。

　ビックキーワードで上位表示するにはそれ相応の時間と労力がかかります。努力をして、ユーザーのためになるコンテンツを制作しましょう。

> **Check!**
> ❶ Googleの考え方を理解しよう
> ❷ 1位〜20位のサイトの存在意義をなくせ
> ❸ 潜在的な検索意図を見つけよう

第2フェーズ：SEO対策に必要なノウハウとライティング

プロの技 19 複合キーワードで上位表示するためのノウハウ

ビックキーワードで上位表示する際は、あらゆることについて広く深く書かなければなりませんが、複合キーワードで上位表示する際は「専門性」が特に重要になります。

Point
- 基本的にはビックキーワードと狙うときと同じ
- そのキーワードに特化した記事を書こう
- ライターに依頼するときは注意しよう

✅ 専門的な記事にすべく情報を整理する

例「婚活　アラサー」というキーワードで上位表示したい場合

ここでは基本的に、複合キーワードで上位表示するための記事を書くと想定して説明をしていきます。

1 ライバルサイトを見るのはビックキーワードと同じ

「婚活　アラサー」で上位表示している1～20位程度のサイトをチェックして、記事制作のヒントにするのは同じです。ただビックキーワードとは違い、比較的似た記事が多いと思います。それらのライバルサイトが書いていることは最低限押さえるようにしましょう。

2 検索意図とは関係ない一般的な言及は避ける

ただし、気をつけなければならないことがあります。それは**一般的な言及は基本的に避ける**ということです。

プロの技12で詳しくお話ししているので、もう一度確認してください。

3 どのように記事内容を決めていくか

ビックキーワードと同じように、ライバルサイトを見たり複合キーワードから探ったり、Yahoo!知恵袋などのサービスを使うなどさまざまな情報元から情報を収集して、コンテンツ制作するのがセオリーです。

ビックキーワードで上位表示する場合は網羅することも大事でしたが、複合キーワードで上位表示する記事の場合、**さまざまな情報元の中から必要な項目**

のみピックアップして記事を制作するようにしましょう。

✅ ライターに依頼するときの方法

　正直なところ、自分で記事を書いている分には複合キーワードのほうが検索意図を満たすのが簡単なので、記事制作も苦労は少ないと思います。
　ただ収益をあげているアフィリエイターはライターに記事を書かせている場合が多く、複合キーワードで上位表示するような記事は外注していることが多いです。
　このとき、 プロの技12 でもお話ししたように検索意図に特化していない記事構成の記事があがってくることが多いので、この解決策を2つご紹介します。

❶ 目次だけつくって記事依頼をする

　目次だけつくって依頼する方法です。目次に沿って記事を書くだけなので、ライターとアフィリエイター側で記事内容の相違が出ることは非常に少なくなります。またライター側も、目次制作の作業が省けるので記事執筆が楽になります。

❷ ライター募集時に具体的に説明する

　ただ目次をつくるのにも時間がかかるので、クラウドソーシングなどを使ってライター募集する際は、募集要項として「記事の特化性」について説明をしておくとスムーズでしょう。この節で紹介したように「良い例」と「悪い例」の目次を掲載して説明するようなイメージです。

　複合キーワードは検索意図がはっきりしていることが多いです。
　単一のビックキーワードで上位表示する場合は網羅性を考えて、記事執筆をしますが、複合キーワードはぼやっとした記事にならないよう、検索意図を満たす専門的な記事にするように心がけましょう。

> **Check!**
> 1. 複合キーワードの検索意図をしっかりと満たそう
> 2. 専門性を出しつつオリジナリティも出そう
> 3. ライターに外注するときはしっかりと説明して相違がないようにする

第2フェーズ：SEO対策に必要なノウハウとライティング

プロの技 20 魅力的な記事にするためにやるべきこと

記事が完成したあと、投稿するまでにやるべきことはたくさんあります。SEO的な観点と、見やすい・わかりやすいというユーザビリティーの観点などから、魅力的な記事になるようにカスタマイズしていきましょう。

Point
- 文字だけが記事ではない
- ときには動画やイラスト、画像を使おう
- 記事を書くというよりもコンテンツをつくるというイメージを持とう

✓ 商品紹介をする場合はその商品の口コミをシェアする

記事内で商品紹介をする場合、その商品の口コミを入れるようにしましょう。Twitterやインスタグラムの投稿をシェアするのが効果的です。特にTwitterやインスタグラムの投稿は一般ユーザーの生の声が反映されやすいので、積極的にシェアします。

これはSNSなどでアップしている投稿を、**若い世代が「企業の宣伝ではない生の声」として評価している**ことが主な理由です。彼らは、Yahoo!やGoogleで情報を検索せずに、Twitterやインスタグラムで検索して情報収集をしている人も珍しくありません。

Twitterやインスタグラムは各投稿にある「ツイートをサイトに埋め込む」や「埋め込み」からURLを取得し、自身のサイトに貼りつけることができます。

● Twitterの埋め込み画面

実際に使用した人の体験談を入れる

　口コミの投稿だけではなく、**自分で試した体験談などを入れるとより一層コンテンツに深みが出ます**。

　実際に商品は自分で購入するようにしますが、ASP担当者がついているアフィリエイターであれば一度担当者に連絡してみましょう。サンプル商品などが提供される場合があります。

　体験談で必要な文章や写真を以下にまとめました。ここでは商品の違いはさておき、大まかな一例です。

● 体験談で書くべきこと
　・味
　・匂い
　・飲みやすさ
　・つけ心地
　・感じた効果
　・お店の雰囲気
　・資料請求後の営業電話の有無　　など

● 体験談で撮るべき写真
　・届いたときの箱
　・開封したときの状態
　・同梱されているおまけの写真
　・同梱されているチラシやパンフレット
　・実際に使っている写真
　・接客を受けている写真　　　　　など

 ## テキストの装飾や改行

　執筆した記事を投稿する際、改行もせずテキストに何の装飾もしないまま投稿すると、サイトを訪れた人が疲れてしまいます。インターネットは基本的に無料で閲覧できるサイトの集まりなので、少しでも読み手にストレスを与えると途中で帰られてしまいます。

　できるだけ読みやすくなるように、テキストの装飾や改行を心がけましょう。

- 重要な部分は文字を大きくして赤字
- 具体例や名詞で重要なものは下線（あまり使わない）
- 箇条書きはリストにして提示

　ここで大切なのは、**テキストの装飾をするときのルールは自分で決めて徹底する**ということです。その都度ルールもなく単純に文字を大きくしたり色を変えているだけでは読み手も整理がつかず、頭がグチャグチャになってしまいます。
　以下の目安を参考に、あなたなりの装飾ルールを考えてみましょう。

● 文字装飾ルール例

- 肯定的な部分で強調する部分は青色 ／ 否定的な部分で強調する部分は赤色
- 強調する部分は赤色 ／ 商品に関することはオレンジ色
- 改行は１文ごと　　　　　　　　　　　　　　　　　　　　　　　　など

● 重要な部分は文字を大きくして赤字にした例

> **◯ 引き締め効果が凄い**
>
> 普通の骨盤ショーツはダサくてしんどくて引き締め効果が強いんですが
>
> まにゃの骨盤ショーツは
>
> **本当に大事なところだけ締め付ける**ので効果が高いんですっ！

● 下線とリストの例

> ▶ 乾燥肌
> ▶ オイリーな肌
> ▶ ハリのない肌
>
> に効く寝る前にお肌に塗る**ナイト美容液**なんです！！

✓ 画像や動画の挿入

また大目次の下には、その目次に関係する画像を入れるようにしています。

意図としては、ある程度の内容を画像で明示することによって内容の理解度を深め、記事を最後まで読んでもらおうという狙いがあります。

● **大目次の下に入れる画像の例**

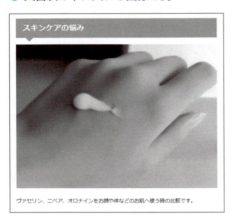 

このような画像を入れる際は、できるだけオシャレな画像を入れるのがおススメです。 プロの技12 でも説明したように、被リンクを獲得できる可能性が上がるからです。

● **PhotoAC**　http://www.photo-ac.com/　　　　無料でも使える素材サイト

また文章で説明するよりも動画で説明したほうがわかりやすいものは、YouTubeの動画をシェアするようにしています。
　たとえば「筋トレ方法」や「ストレッチの方法」は文章で説明すると、とてもややこしくなります。

● 腕立て伏せを文章で説明する場合

> まず肩幅くらい手を広げて手をつけてください。このとき少し広めに手を広げたほうが胸の筋肉が鍛えられます。普通の腕立て伏せはヒザをつけませんが、しんどい人はヒザをついてもらってもかまいません。そしてアゴを床に付けて上げてを繰り返します……

　このように「腕立て伏せ」を文章で説明されても、「結局腕ってどれくらい広げればいいのだろう？」「膝をついてもいいってどういうこと？」と疑問が残ってしまいがちです。しかし以下のようにYouTubeの動画を掲載しておけば、読者に疑問を残すことなく、コンテンツの理解が深まることでしょう。

● Youtubeの動画を入れている例

● **イラストを入れる例**

　画像だけで説明するよりも、イラストで説明したほうがいい場合はイラストレーターにイラストを制作してもらい挿入するのもわかりやすいです。

　特に難しい考え方や理論を説明する際は、イラストでわかりやすく説明をするとユーザーも整理がつきやすいでしょう。

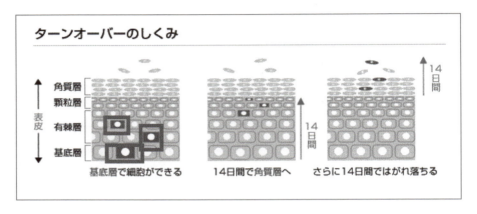

　ここまで見てきたように、単純に記事を書くといっても説明のしかたを工夫することによって格段に読まれやすい記事へと変貌します。記事執筆の際、記事投稿の際の参考にしてみてください。

　また過去に投稿した記事を、内部リンクとして補足するのも1つの手段です。

- 商品の口コミ
- SNSでの投稿
- 自分の体験談
- 文字装飾や改行
- 画像を入れて説明
- 動画を入れて説明

Check!
1. 口コミやSNSの投稿は商品購入を後押し
2. 実際の体験談は信ぴょう性を高める
3. ルールに沿った文字装飾と画像・動画を使って記事を読みやすく！

第2フェーズ：SEO対策に必要なノウハウとライティング

プロの技 21 上位表示されているサイトの被リンク対策とは？

実際に上位表示されているサイトの被リンクを常にチェックしているのですが、その中でも目につきやすい被リンクをご紹介していきます。これらのサイトのようにナチュラルなリンクが自然につくようにしていきましょう。

Point
- 多種多様な被リンクが存在する
- ナチュラルな被リンクを積極的に獲得しよう
- ツールを使って他社サイトの被リンクを確認しよう

✓ まずは記事の役割を考えよう

　ここでは上位表示されているアフィリエイト、WEBメディアなどを対象に調査した結果をご報告します。
　ここで紹介する被リンクは、リンク元から「nofollow」がついているものも入っています。「nofollow」が入っているものは一般的には被リンク効果がないといわれています。ただ弊社の順位測定では一概には被リンク効果がないとはいいきれていません。
　特に被リンク効果自体はないのでSEO効果がないとしても、そのリンクからアクセスが生じた結果のSEO効果も考えられるからです。よって今回は「nofollow」であるかないかにかぎらず、上位表示されているサイトや記事が受けている被リンクをご紹介していきたいと思います。

✓ 上位表示されているサイトがリンクを受けているパターン

キュレーションサイトからのリンク

キュレーションサイトとは、いわゆる「まとめサイト」のことです。さまざまなWEBサイトから情報を抜粋しコンテンツをつくっていくものです。
　このようなコンテンツ制作方法なので、基本的に参考リンクと引用リンクがたくさんついています。皆さんのサイトの被リンクを確認しても、NAVERまとめなどのキュレーションサイトから多くリンクされているのではないでしょうか。

2 他WEBメディアからのリンク

　WEBメディアはたくさん存在するので、そのような他のWEBメディアからの引用リンクがも多いです。こちらが使っている画像やイラストを使っているときの引用リンクや、記事の一部を参照してくれているときの参照リンクなどです。

3 無料ブログ系は少ないが傾向があり

　無料ブログは簡単にはじめられるので利用者は多いですが、このような無料ブログからリンクを受けている上位表示サイトは非常に少ない傾向にありました。ごくまれに美容家、エステティシャンなどが運営している美容メディアで引用リンクをされている程度です。

4 5chまとめサイトからのリンク

　5chのまとめサイトなどで、画像や文章の引用元としてリンクされているパターンも多いです。特にアフィリエイトサイトの中でも一般キーワードを狙うノウハウ記事や、少し自分の視点を入れた記事などが引用されていることもあります。

● まとめサイトの例

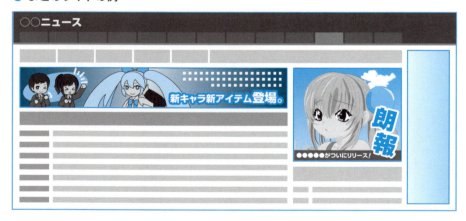

　特にSNSで拡散されやすい記事を投稿している場合は、まとめサイトなどからのリンクが多い傾向にありました。

5 ランサーズなどのライター募集フォームも意外と多い

> ・他メディアからのコピー、転載は禁止です。
> ・性的文章・下ネタはNGとさせて頂きます。
> ・文字数は必ず守って下さい。
>
> 20代後〜30代女性の方を読者ターゲットとしておりますので、その目線で記事作成お願いします。
>
> ■ 書き手の設定
>
> 専門知識などは不要ですが、このジャンルの知識・経験のある方の方が嬉しいです。
>
> ■ 読者ターゲット
>
> 20代30代女性
>
>
> ■イメージ
>
> ・

　上位表示されている記事はアフィリエイターやWEBメディア運営者の目にもとまりやすくなるので、ライター募集する際に「このような記事になるようにしてください」という事例としてリンクされる場合が多いです。

6 一部自作自演っぽいものもあり

　一部のアフィリエイトサイトでは自作自演のサイトの可能性が高い被リンクもありました。基本的にはWordpressでつくられたWEBメディアのようなサイト、シリウスなどのツールでつくられたHTMLサイトなどからのリンクです。

7 リンクなし

　意外と多かったのが「リンクなし」です。もちろんサイト全体としてはさまざまな記事にリンクはされているのですが、上位表示されている記事自体にはリンクされていないというものです。

✅ ナチュラルな被リンクを増やす方法

ナチュラルな被リンクを受けるためには、 プロの技12 でも説明したように**とにかく人の目に触れる必要があります**。

それゆえにニッチなキーワードでもしっかりと上位表示し、人の目に触れることが重要です。そうすることで、まとめ記事をつくっているキュレーターやほかのWEBメディアで記事執筆しているライターの目にも留まり、**「引用リンク」「参照リンク」が自然と増えてきます**。

特に画像の引用はリンクをしてくれる可能性が高いので、おしゃれなフリーイラストや自分で撮影したオリジナル画像などを駆使して記事構成していると、被リンクも増えやすいです。

✅ ライバルサイトの被リンク状況を確認できるツール

「ahrefs」というツールを使うと、他サイトの集客状況や被リンクの状況をかなり正確に把握できます。今回抽出した被リンクも、すべてこのツールを利用して競合サイトの被リンクを確認しています。

● **ahrefs** https://ahrefs.com/

いつも気になるライバルサイトがどのような被リンク状況になっているのか、一度確認してみましょう。

> **Check!**
> 1. まずは記事の役割を考えて
> 2. 記事内容によってアフィリエイトする方法は違う
> 3. アフィリエイトしない記事もしっかりとつくる

第2フェーズ：SEO対策に必要なノウハウとライティング

プロの技 22 してはいけない 被リンク対策まとめ

上位表示サイトがほとんどしておらず、アフィリエイターがやりがちな被リンク対策について紹介していきます。このような行為はGoogleが禁止しており、ペナルティを受けてしまいますので、やめましょう。

Point
- Wordpressサイトからのリンク
- HTMLサイトからのリンク
- その他サービスを利用したリンク

✅ 自作自演の被リンクはどれだけ工夫してもバレる

そもそも自作自演の被リンク対策はGoogleが認めていないので、「してはいけない被リンク対策」という言葉自体おかしいのですが、上位表示サイトを見て、明らかに不自然だと感じた被リンク対策についてご紹介していきます。

1 Wordpressサイトの自作自演被リンク

まず自作自演のリンクで一番多く使われているのがWordpressで構築されたサイトでした。

● テンプレートが管理画面からダウンロードできるもの

Wordpressの管理画面から無料でテンプレートをインストールできるのですが、このような無料テンプレートを使って簡単にサイト構築し、上位表示したいサイトへ被リンクしていることが多かったです。

● IP分散サーバーのもの

　またそれらのサイトのサーバーを調べると、IP分散サーバーという被リンク構築用のサーバーを使っていることもありました。ただ最近ではもっとバレにくくするため、1カ月1,000円くらいする一般的なレンタルサーバーを使っている例も多くなってきました。

● きれいなテンプレートだが30記事程度しかコンテンツがない

　もう少しこだわっている自作自演のWordpressサイトは、1つ1万円程度する有料のテンプレートを使ってしっかりとサイト制作しています。記事を30記事程度入れ、一見すると本格的なWEBメディアのようなものをつくり自作自演のリンクを送っているものもありました。

　このようにつくり込んでいる場合、上位表示されているキーワードも難易度の高いものも多かったです。

2 簡易的なHTMLサイト

　次に多いのがHTMLサイトでした。

● よく見かけるツールでつくられたHTMLサイト

　アフィリエイターの中では有名なHTMLでサイトをつくれるツールがあるのですが、そのツールを使って被リンク用のサイトを構築している例が非常に多かったです。

　もちろん、そのツールが悪いというわけではありません。簡単にサイトをつくれるので、被リンク用サイトでも多用されているものと推測しています。

● 記事が30記事程度しかコンテンツがない

　これらのサイトもWordpressサイトと同様に30記事程度入っており、見た目としては一見普通のサイトであることが多かったです。

● 複数のサイトの被リンク元になっている

　ただHTMLサイトの場合は、そのサイトから複数のアフィリエイトサイトにリンクしていることが多かったです。おそらく自分の複数のアフィリエイトサイトに対して、被リンクを送っているものと思われます。

　リンクの送り先も、そのツールで使ったHTMLサイトの傾向がありました。

3 特定のキュレーションメディアからのリンク

　そのほかにもNAVERまとめなどのキュレーションメディアを使い、自分自

身でまとめ記事をつくって自分のサイトに引用リンクしている例も見られました。同じアカウントのまとめからは特定のサイトにリンクしているので、非常にわかりやすいです。

またNAVERまとめだけでなく、ほかのキュレーションメディアでもまとめをつくってリンクを送っていました。

さらにほかのキュレーションメディアでもアカウント名が同じということもありました。おそらく管理をしやすくするためにユーザー名やアカウント名は統一されているのだと思います。

4 FAQサイトの回答が同じアカウントからされている

また、Yahoo!知恵袋などのFAQサイトの回答にリンクを入れるという手法も見られました。回答者の全回答を追っていくと、特定のサイトへのリンクが比較的多いというような特徴を持っています。

してはいけない被リンクの傾向をなぜ説明したのか

このように誰でもライバルサイトの被リンクをチェックすることができます。そして実際にチェックしているとわかると思うのですが、**ナチュラルな被リンクなのか、非常に巧みに構築された自作自演の被リンクなのかは意外と見抜けます。**

何を意味するのかというと、Google側はもちろんのこと、これらの傾向はお見通しということです。自分でやっている人は巧妙に被リンクをしていると思っても、ナチュラルな被リンクと比べるとやはり規則性や不自然なところは残ってしまうものです。

そもそもGoogleは意図的な被リンクは禁止しているので、このような被リンク対策はしないようにしましょう。

Check!
1. 自作自演被リンクは不自然さが残ってしまう
2. 他社サイトを見ると意外と見抜ける
3. Googleもお見通しの可能性が極めて高い

第2フェーズ：SEO対策に必要なノウハウとライティング

プロの技 23 SEO価値は「記事の質」だけで決まるものではない

すべての記事で何らかのキーワードで上位表示を狙うとお話ししました。つまり、記事の質は非常に重要になってきます。しかし、記事の質だけがSEO価値は決まるものではなく、もっと大きな視点を持って考えなければならないのです。

Point
- SEO価値は記事だけではない
- 総合的にSEO価値を高めよう
- 画像や動画も大事

記事のSEO価値を決める公式

基本的に1つの記事を何らかのキーワードで上位表示する際、記事自体の質だけを見ている人が多いと思います。ただしその記事自体の価値は以下のような公式でSEO価値が決まっていると思うとわかりやすいです。

> 「その記事自体の質」
> ＋「画像やイラスト解説」＋「動画解説」
> ＋「補足記事へのリンク（関連記事への内部リンク）」
> ＋「参考リンク（外部サイトへのリンク）」

つまり**記事内の「文字」だけではなく、さまざまなことがSEO価値に付与される**といえます。

1 記事自体の質

これは プロの技18 ～ プロの技19 で説明したように、「いかに検索意図を満たす記事を書くのか」という部分です。記事のSEO価値を決める根幹となる部分なので、いい記事になるように最大限の努力をしましょう。

2 画像やイラスト解説

画像やイラストは、ユーザーが見やすくなるというメリットもあります。また被リンクも獲得しやすくなるとお話ししましたが、それだけではありません。

私の実験結果では、検索順位の結果があまりよくない記事を40記事程度抜粋し、それらの記事に3～5枚程度のオリジナルの解説イラストや画像などを入れ込みました。

すると90%程度の記事で順位上昇がみられ、最大で90位から3位まで上昇したものもありました。ただし「画像やイラストを入れる＝SEO価値が上がる」と安易に考えるのではなく、次のようにとらえてください。

画像やイラストを入れる
＝ ユーザービリティが上がり滞在時間が上がり高評価につながる
＝ 被リンクが増える
＝ SEO価値が上がる

3 動画解説

動画を記事に入れて解説するというのも、ユーザーメリットが高い手法です。オリジナル動画を撮影し、それらの動画を入れ込んでいる記事も上位表示されやすい傾向にあります。

特にビックキーワードで上位表示する記事の場合、何らかの動画を入れて解説することが多いです。

4 補足記事へのリンク（関連記事への内部リンク）

`プロの技15` でも説明した概念です。詳しく読みたい箇所には専門的な補足記事に内部リンクすることによって、その記事自体の価値を高めます。

つまり記事のSEO価値は、**「記事自体のSEO価値」だけではなく、同じ記事内に「補足記事がある」**というような考え方をしてください。

あくまでもたとえですが、わかりやすく文字数でいうと、その記事自体は8,000文字の記事でも、補足記事が2,000記事あってその記事へ内部リンクされているのであれば、合計1万文字の記事として考えてもいいということです。

どうしても上位表示したい記事があるときは、**たくさんの専門性の高い補足記事を書いて相互にリンクすることで、上位表示を目指す**ことも多いです。既にあらゆる角度から記事を書いていて、これ以上文字を増やすと検索意図からそれたコンテンツを追加しなければならない場合などに、このような手法を使うと効果的です。

加えて、既にトップ5位くらいに入っており、コンテンツを追加することによって検索意図の観点から逆効果になってしまう恐れがある場合にも利用できます。

5 参考リンク（外部サイトへリンク）

上記と同じよう考えで、内部記事で補足するよりも外部リンクを参考としてユーザーに提示したほうがいい場合は、外部リンクで対応しましょう。

また、**参考リンクとして外部リンクを利用することは「客観性」を高める**ことにもつながります。参考リンクをする際は、国が運営しているサイト、医療機関が運営しているサイト、運営者情報が明確であるサイト、大企業などが運営しているサイトなど、**信頼性が高いサイトを参考にする**のがいいでしょう。

逆にキュレーションサイトや無料ブログなど、誰が書いたのか分からないページを参考元にするのはお勧めできません。

> **Check!**
> 1 SEO価値の公式をしっかり押さえよう
> 2 詳細は補足記事で補足しよう
> 3 ユーザービリティが上がることはSEO価値が上がることと一緒

第2フェーズ：SEO対策に必要なノウハウとライティング

プロの技 24 各記事の順位チェックと記事のカスタマイズ

記事を投稿し終えたら、Googleでの検索順位がどのように推移していくのかを見ていきましょう。こまめに順位チェックをすることで、次に行うべき具体的なアクションを発見することができます。

Point
- しっかり順位計測する
- 自分の施策が検索結果にどのような影響があったのか確認する
- 徐々に順位を上げる工夫をしよう

 順位チェックで正しい情報を得る？

いうまでもなく、検索エンジンの仕組みを提供しているのはGoogleです。しかし、Googleが「○○を実施してもSEO対策には影響がない」と発言したからといって、その情報を鵜呑みにすることには反対です。

1 ほかの人の意見よりも、自分がやった施策の結果を重視すべき

たとえば、Googleは公式には「FacebookからのリンクはSEOに影響を及ぼすことはない」と発言しています。はたしてこれをそのまま受け取ってしまってもいいのでしょうか？

この疑問を解消すべく、Facebook広告を使って各記事の「いいね！」の数を増やす施策を試してみました。その結果、わずかではありますが、検索結果の表示順位に改善が見られました。

このような事例があるので、必ず自分で行った施策がどのような影響を及ぼすのかチェックする必要があるのです。

これは推測ですが、Google自身が「Facebookのいいねの数はSEOに影響する」と公式に発言すれば、SEO対策がお金の戦争になってしまうので、言えないのではないかと思います。

つまり、「Facebook広告を積極的にできる予算がある企業のサイトが上位表示されやすくなる」ということになってしまうからです。このような背景から、Googleには「言えること」と「言えないこと」があるのではないかと推測しています。

確かにFacebookがSEO価値にいい影響を与えたのかどうかは、確信を持ってわかることではありません。Facebook広告からの集客によってサイトにアクセスが発生し、そのユーザーが記事を読み込んでくれた結果、滞在時間が長くなりSEO価値が上がった可能性なども考えられるからです。

ここで強調したいのは、「Facebookからのいいね」もしくは「滞在時間が伸びたこと」どちらが原因にしろ、**検索結果の表示順位に実際に改善が見られた**ということです。

いずれもGoogleは正式には認めていないことですが、結果には逆らえないでしょう。このような事例を頭の片隅に置きながら、自分自身の施策がどのような影響を及ぼすのかを深く理解するためにも、**しっかりと毎日の順位チェックをする**ようにしましょう。

✅ 順位チェックにはこのツールを使う

私は、自分のアフィリエイトサイトや検証サイトの計測をすることほど楽しいものはないと考えています。このとき使用するのが、**GRC**というツールです。

● GRC（http://seopro.jp/grc/）

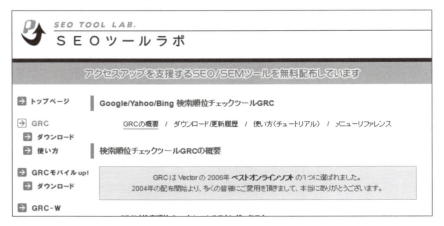

- 「追加した記事の順位の動向は？」
- 「サイト中の1つの記事をバズらせてみたけど、サイト全体への影響は？」
- 「内部リンクの構成を変えたけど順位は改善された？」……

など、毎日のチェックをわくわくしながら行っています。ただしこれからサイトをつくっていく人は、この楽しさをすぐに味わうことはできません。

記事数が50記事もなく、スタートしてから1カ月程度のサイトでは多くの記事がインデックスされておらず、ニッチなキーワードでも20～30位をウロウロするような状態が続きます。このような状態が1カ月、2カ月……と続くと、だんだんモチベーションが下がってきます。

多くの人が3カ月程度でアフィリエイトに挫折するといわれますが、原因はこのあたりでしょう。しかし、その後稼げるようになった人もはじめは皆こんなものです。最初の6カ月程度は、本書のとおりにしても思うように順位が上がらないことが多いと思います。ただ**サイトを長く運営するにつれて上位表示できるようになってくる**ので、モチベーションを保ちつつがんばってサイトを育ててください。

✅ おおむね30位以内のインデックスで合格点

記事を投稿し、**Googleの順位がついたときのランキングが30位以内だと、最終的にTOP 5入りすることが多い**と感じています。

下図は、初回インデックス時に30位以内だった場合のイメージ図です。徐々に順位を上げて、最終的には1位や2位になっています。

● 30位以内からTOP5入りした場合のイメージ図

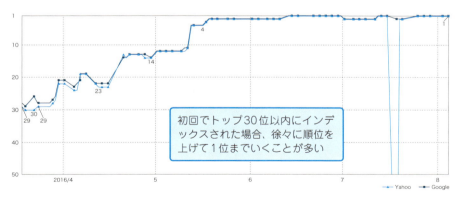

弊社の場合、初回の順位が30位以内であれば状況を見守る程度で、特に何もしません。

- ライバルサイトの順位が落ちる
- 自サイト全体の価値が上がる

などの理由で少しずつ順位が上がってくる場合が多いからです。

✅ 順位を徐々に上げるためにコンテンツを追加する

では30位以内に入らない記事はあきらめるのか？　というと、そうではありません。

1 30位以下は「もっと頑張れ」の合図

インデックスされたときの順位が30位以下の場合、**コンテンツの追加や内部リンクで対応**しましょう。弊社の考えではインデックス順位が30位以下の場合、Googleにコンテンツ不足として認識されたと考えています。

つまり、「このコンテンツじゃ物足りない。もっとがんばれ！」というメッセージとして受け止めて、再度記事を見直したり、ライバルサイトの記事を読み返したりするなどして追記していくのです。

2 あらゆる手段で記事の価値を高める

また商品紹介の記事であれば、「その商品の口コミ数をもっと多く掲載する」「実際に商品を使っている画像つきの体験レビューをつけ足す」などの対応を行います。加えて、「ほかの関連する記事から内部リンクする」などして**サイト内の回遊性を高める**ことも行います。

✅ コンテンツで上位表示を目指すために

このような見直しによって、徐々に1位を狙っていくことができます。このように正しい方法を経て上位表示された記事は、Googleが認めていないような不適切な方法で上位表示したサイトと比べ、**より安定的に上位表示されます**。

以下は 第2フェーズ のおさらいです。

1 補足記事を追加していく

プロの技15 で説明をした補足記事をどんどん執筆し、上位表示したい記事の価値を高めましょう。

また適当に補足していくのではなく、**月間の検索回数が少ないニッチなキー**

ワードで上位表示するための補足記事でも専門性は高めましょう。

2 ニッチなキーワードで上位表示する

　記事投稿をする際、ニッチなキーワードでしっかりと上位表示し、サイト全体の価値を高めましょう。

　ニッチなキーワードで上位表示することは無駄なことに思えますが、必ず被リンクが増えてきます。**様々な記事からコツコツ被リンクを獲得することで、サイト全体のパワーが増す**のです。

3 画像、イラスト、動画を使う

　順位の上りが悪い場合は、画像、イラスト、動画などを追加して記事の質を高めましょう。意外と順位が上がることに驚くでしょう。

　特に、**オリジナル画像はSEO効果が非常に高い**です。難易度の高いキーワードを狙う記事や基幹記事には、必ず画像や動画、イラストなどを駆使して記事を構成しましょう。

4 単純に記事を加筆修正する

　検索意図とは関係のない箇所を削除したり、検索意図をもっと満たすように記事を追加しましょう。

　ただし、文字数が多ければ上位表示されるというのは都市伝説です。検索意図に合致した記事になるように心がけましょう。

5 サーバー会社を変更するのもあり

　記事の表示スピードもSEO対策に関係しています。処理回数が早く、表示スピードが早いサーバーを選ぶのもSEO対策です。

　弊社では複数のレンタルサーバーの表示スピードを検証し、一番表示スピードが早かった「mixhost」というサーバーを利用しています。

- https://mixhost.jp/

Check!
1. 順位チェックをすれば不確実な情報に惑わされなくなる
2. どのような施策がどのような効果があるのか検証しよう
3. コンテンツの見直しをして少しずつ順位を上げていこう

第3フェーズ：商品選定やジャンル選定について

プロの技 25
季節のトレンドを押さえたアフィリエイト

さまざまな商品には季節性のトレンドがあります。夏場に売れやすい、冬場に売れやすいなどがあります。それらをあらかじめ知っておくことによって1年を通じて安定した収益をあげることができます。

Point
- 各ジャンルに必ずトレンドは存在する
- そのトレンドを活かしてアフィリエイトしよう
- 自分が取り組んでいるジャンルのトレンドは最低限押さえよう

✓ さまざまな商品サービスには季節性のトレンドがある

リアル店舗やECサイトでは、広告代理店などが作成する「販促カレンダー」「MDカレンダー」などと呼ばれる資料を参考に、仕入れや宣伝などを行うことがあります。アフィリエイトでも、1年を通じて季節ごとによく動く商品・動きづらい商品というものが移ろうものです。

● 一般に使用される販促カレンダーの例

https://shop-pro.jp/news/161223-hansoku-calender/ より引用

✓ 一挙公開♪　商品ごとの季節トレンド

では、商品ジャンルごとに1年のうちどの季節によく動くか、季節トレンドを確認していきましょう。

1 肌トラブル関連

商品	ニキビ
季節トレンド	7月～11月

| 1 | 2 | 3 | 4 | 5 | **6** | **7** | **8** | **9** | **10** | **11** | 12 |

夏は汗をかきやすく、紫外線も強いのでニキビになりやすくなります。また肌の露出が多くなるため、背中ニキビなどの商品も売れる傾向にあります。

商品	オールインワンゲル関連商品
季節トレンド	10月～12月

| 1 | 2 | 3 | 4 | 5 | 6 | 7 | 8 | **9** | **10** | **11** | **12** |

秋から冬にかけてお肌の乾燥が気になる季節です。今までスキンケアに気を使っていなかった女性も「オールインワンゲルなら手間もかからずスキンケアできる」というようになり売れやすい傾向にあります。

2 悩み・コンプレックス関連

商品	ワキガ・汗関連商品
季節トレンド	5月～7月

| 1 | 2 | 3 | **4** | **5** | **6** | **7** | **8** | 9 | 10 | 11 | 12 |

だんだんと気温が高まるにつれて、汗やニオイ関連の商品も動き出します。ワキガに関しては夏だけにかぎりませんが、汗関連の商品は夏場に需要期を迎えます。

商品 バストアップ関連商品
季節トレンド 5月～7月

| 1 | 2 | 3 | 4 | **5** | **6** | **7** | 8 | 9 | 10 | 11 | 12 |

　7月～8月のサマーシーズン、薄着になったりプールや海で水着になることが意識されるのに伴い需要が高まるため、5月ごろから売れはじめます。

商品 黒ずみ対策関連商品
季節トレンド 5月～7月

| 1 | 2 | 3 | 4 | **5** | **6** | **7** | 8 | 9 | 10 | 11 | 12 |

　肌の露出が増える夏に需要が伸びます。また、デリケートゾーンの脱毛をしたときに黒ずみが気になるという人も多く、脱毛エステが盛り上がる5月～7月に伸びる傾向があります。

3 美容関連

商品 白髪染め関連商品
季節トレンド 3月～10月

| 1 | 2 | **3** | **4** | **5** | **6** | **7** | **8** | **9** | **10** | 11 | 12 |

　白髪染めは特に季節のトレンドは感じられませんが、3月～10月は比較的伸びやすい傾向にあります。

商品 美白＆紫外線関連商品
季節トレンド 5月～9月

| 1 | 2 | 3 | 4 | **5** | **6** | **7** | **8** | **9** | 10 | 11 | 12 |

　やはり紫外線の強い5月～9月に売れる傾向にあります。それ以外の季節で

も「シミ」に悩んでいる人もいるので年中売れる商品でもあります。

4 ダイエット・エステ関連

商品 ダイエット関連商品
季節トレンド 1月、5月～7月

| **1** | 2 | 3 | 4 | **5** | **6** | **7** | 8 | 9 | 10 | 11 | 12 |

正月太りを気にする1月と、夏に向けてのダイエットのために5月～7月に伸びる傾向があります。ただ、ダイエットは普遍的な悩みなので大きく落ち込むことはありません。

商品 脱毛エステ関連商品
季節トレンド 3月～7月

| 1 | 2 | **3** | **4** | **5** | **6** | **7** | 8 | 9 | 10 | 11 | 12 |

脱毛エステは新年度や夏に向けて需要が高まる傾向があります。

商品 ブライダルエステ
季節トレンド 2月～5月

| 1 | **2** | **3** | **4** | **5** | 6 | 7 | 8 | 9 | 10 | 11 | 12 |

ブライダルエステはジューンブライドの6月に向けて、需要が高まります。一般的に結婚式までは綿密なプランで進むので、早めの2月ぐらいから動きはじめます。式直前の5月まで需要が見込めます。

商品 痩身エステ
季節トレンド 1月、5月～8月

| **1** | 2 | 3 | 4 | **5** | **6** | **7** | **8** | 9 | 10 | 11 | 12 |

痩身エステはダイエット目的のエステのため、肌の露出が増える夏場と、正月太りの1月に多くなる傾向があります。

5 その他

- 婚活・出会い系（1月～2月、4月、7月～8月、12月）
- ウォーターサーバー（4月～8月）
- 引越し（1月～4月、6月～7月、11月～12月）
- かに・おせち・年賀状（11月～1月）
- 車・バイク査定（1月～4月）
- SIMカード（3月、9月）

それぞれのジャンルには季節性のトレンドが必ずあり、その理由もあります。引っ越しは新生活の時期、人事異動が多い時期、車・バイク査定は税金の関係など必ず理由があります。このようなトレンドを押さえておくと、なぜ売上が上がっているのか・下がっているのかを理解できます。**自分が取り組んでいるジャンルだけでも知っておく**ようにしましょう。

トレンドの活かし方、リスクの回避の仕方

ここでご紹介したトレンドはあくまでも「売れやすい時期」の目安です。カニ、おせち、年賀状のようにはっきりとしたものもありますが、**その時期以外全く売れないというわけではありません**。

それでも多少の売上増減があるので、ジャンルを狙ったサイトを制作する場合は、繁忙期が異なるジャンルに取り組みをすることによって、1年を通して安定的にアフィリエイト収益をあげることができます。

Googleのキーワードプランナーなどを使えば、1年を通した検索ボリュームを調べることができます。あなたが気になるジャンルキーワードを検索してみて、月ごとの検索ボリュームを見てみましょう。

> **Check!**
> 1 季節トレンドはあくまでも参考に
> 2 各トレンドを押さえたサイトをつくることでリスクヘッジ
> 3 キーワードツールなどもトレンドを知るために活用しよう

第3フェーズ：商品選定やジャンル選定について

プロの技 26 初心者向けのジャンルや商品を探してみよう！

ライバルの多いジャンルや500万円、1,000万円と稼げるジャンルは中級者や上級者が多く、初心者が参戦してもなかなか稼ぐことができません。そこで、まだ報酬が10万円以下という人のために、稼ぎやすいジャンルや手法をご紹介します。

Point
- 初心者向けジャンルはすぐに変わる
- 細かくチェックすることが重要
- 情報収集も忘れないこと

 初心者向けのジャンルはコロコロ変わる……？

　初心者向けのジャンルというのはコロコロ変わります。たとえば「睡眠サプリ」「飲む日焼け止め」など、まだまだジャンルが確立しきっていないために参入しやすいジャンルもあれば、「婚活」「AGAクリニック」などジャンルとしてすでに確立していて取り組み数が多くても、まだまだ初心者が入る余地があるものもあります。

　ただ、上記のような比較的上位表示しやすく競合も多くないジャンルでも、ライバルがどんどん入ってくるので少しずつ難しくなってきます。たとえば看護師の転職関連市場は、7年ほど前までは簡単に上位表示できるレベルでしたが、今や上級者がしのぎを削るような競争率の高いジャンルになってしまいました。

　以上のような理由から、「今しか使えないノウハウ」ではなく、**いつこの本を読んでも初心者の人が自分に最適なジャンルを探せる方法**をご紹介していきます。

 新着商品を細かくチェックする

　まず、王道なのが**新着商品の細かなチェック**です。毎日ではありませんが、ASPでは日々新しい商品が登録され続けています。その商品がアフィリエイトできるようになって間もないころは、当然のことながら**アフィリエイターの取り組み数も少ないので狙い目**です。

　実際に稼いでいるアフィリエイターは、ASP担当者からの売れ筋やトレンド、特別報酬や承認率などの情報をもとに、どの商品をアフィリエイトするか決め

ることが多いので、「新着商品」をこまめにチェックしている人は少ないです。また、新着商品というのは世間的にも知名度が低く、仮に商品名で上位表示されたとしても大きな収益をあげられないことも多いので、上級者は無視することが多い傾向にあります。

よって、まずは商品レビューのような記事で収益をあげたい初心者の人は、**新着商品をどんどん狙っていく**という手法がお勧めです。

自分の記事が上位表示されることを実感しやすい

このような戦略は大きな収益を発生させづらい一方で、初心者でもSEO対策で迅速に上位表示して「アフィリエイトって稼げるんだ」と実感しやすいというメリットがあります。

さらに現時点で知名度が低い商品でも、広告主も販売数を増やすために「インフォマーシャル」「雑誌広告」「リスティング広告」「ディスプレイ広告」「SNS広告」などに力を入れはじめると、その商品名の検索数がドンと増えることもあります。たとえば、afb（アフィb）などのASPでは「新着一覧」「新着プログラム」という箇所があるので、そこから新しい商品を探すことが可能です。

● afb（アフィb）新着一覧画面

比較的新しいジャンルを探す方法

アフィリエイトでは、同じような商品がどんどん出てくると新しいジャンルが確立します。つまり**比較検討できる商品が多くなってくると、ジャンルに特化したサイトもつくりやすくなる**のです。

どのようになれば新しいジャンルができあがったとするかはいいきれませんが、以下のようなことに注目しておくといいでしょう。

1 新商品がどんどん出てくるジャンルは狙い目

一例として、**同じような成分・効果性のある商品がどんどん出てきているような場合、新しいジャンルが確立しつつある**といえます。2017年にはたくさんの「HMBサプリ」が販売されました。HMBという成分が入った筋トレ&ダイエット関連のサプリですが、合計で10〜20商品近く新商品として販売されたのではないでしょうか。

このような新しい商品がどんどん出てくるジャンルは参入しているアフィリエイターが少ないので、初心者でも狙いやすいです。

2 ASPの管理画面から

ASPの管理画面を見ていると「キャンペーン」や「特集」などが組まれています。ここでも最近盛り上がってきたジャンルを特集することもあるのでチェックする価値があります。

● 仮想通貨が話題になり、仮想通貨の特集が組まれた事例

✅ いろいろなセミナーに参加するべし

　アフィリエイト業界もだんだんと盛り上がってきて、アフィリエイトスクールや塾なども増えてきました。それらのセミナーに参加するのも1つの手です。またアフィリエイトASP自体がセミナーを開催することもあります。

> ✉ **セミナー情報（最新5件）**
>
> 開催日：2018年03月13日(火) 16:00～18:00
> 口臭・体臭等臭いに関するお悩み対策・ハーバルスタンダード×栄養素の吸収を高める・クリスタルシリカ合同セミナー
>
> 開催日：2018年03月09日(金) 18:30～21:30
> メンズ脱毛【ゴリラクリニック】ウホウホツアーin銀座
>
> 開催日：2018年02月28日(水) 15:00～17:00
> BroadWiMAX（ブロードワイマックス）の特単獲得戦略セミナー【上級編】

　このようなセミナーでは新着商品の説明や販売前の商品の説明が行われることがあり、セミナー参加者だけがいち早く知れる情報がたくさんあります。

　たとえば、正中線という妊娠時にお腹にできる線があるのですが、正中線専用のクリームはありませんでした。しかし私が運営しているアフィリエイト会員サービス「ALISA」で、アフィリエイトが開始される2カ月くらい前にこの正中線専用のクリームをいち早く紹介することができました。

　このような状態であれば、99％のアフィリエイターが知らない情報をもとにサイトづくりができるので、相当有利になります。たくさんのいいスクールや団体があるので、いろいろと参加してみるのもいいかもしれません。

　一番お勧めなのは**無料で質の高いセミナーをしてくれるASP独自で開催しているセミナー**です。ASPのセミナーは、新着商品の情報やそのジャンルの傾向や売れ筋キーワードなどの公開が行われることが多いのでお勧めです。

Check!

1. 新着商品をこまめにチェックしよう
2. 新しい「訴求」をしている商品があれば取り組んでみよう
3. セミナーなどに参加していち早く情報をゲットしよう

第3フェーズ：商品選定やジャンル選定について

プロの技 27 中級者・上級者向けのジャンルを知ろう！

中級者以上向けのジャンルとは、「ライバルが多いものの集客できれば収益が大きいジャンル」を指します。初心者がこのジャンルで勝負すると収益をあげるまでに時間がかかるので、慣れてきたころに狙っていきたいジャンルです。

Point
- 大きな収益を生むジャンルを知ろう
- ASPと連携してジャンル選定しよう
- 新しいジャンルを取り組む場合は既存サイトを活かそう

✓ 中級者向けのジャンルも時代によって変わる

初心者向けのジャンルが時代によって変わるように、中級者向けのジャンルも時代によって変わることは避けられません。**そのジャンルが成熟すると、しばらくは収益化しやすい時期が続く**のでそこを狙います。

✓ 中級者向けのジャンルと月商の目安

1 ダイエット関連　月商100万円以上

ダイエットはいつの時代も悩んでいる人が多いので、あまり浮き沈みがありません。ただ季節的な需要でいえば、やはり夏場に盛り上がります。「ダイエット」というジャンルはそれぞれですが、ダイエットの手法は多くあります。

- 酵素を飲んでダイエットする
- カロリーカットのサプリでダイエットする
- 痩身機器を使ってダイエットする
- 便秘を解消してダイエットする

「ダイエット」を主体とするキーワードで上位表示するのは難易度が高いので基本的には中級者以上のジャンルですが、ダイエット手法は多岐に渡るためキーワードの切り口さえ変えれば初心者でも取り組み可能です。

2 酵素ドリンクジャンル　月商250万円前後

酵素ドリンク市場は成熟しているジャンルです。全盛期よりも下降気味です

が、それでも根強い人気がありアフィリエイターも多いジャンルです。

3 FX　月商500万円前後
　無料口座開設で高額な報酬が発生するため、取り組むアフィリエイターが多いです。ただし、確定するには取引が開始したときなどにかぎられることが多いので注意してください。

　FXが大盛り上がりしていたときに比べると衰退していますが、それでも大きな収益が発生しやすいです。

4 ウォーターサーバー　月商500万円以上
　ウォーターサーバー関連のサイトも、中級者以上の取り組みが多いです。またジャンルとしても成熟してきており、広告主から固定報酬をもらいやすいジャンルなので、最近では上級者が参入していることが多いです。

5 脱毛エステ　月商1,000万円以上
　脱毛エステは中級者のみならず、上級者も取り組んでいる競合の多いジャンルです。来店させて1万〜1万5,000円という報酬額というパターンが多く、非常に稼げます。

　ただしすでに報酬額が天井に近いので、今後の広告主の状況次第では報酬額が下がる可能性もあります。

6 看護師転職　月商1,000万円以上
　勢いとしては若干下降気味ですが、転職サイトに登録してもらえれば数万円という単価となり、非常に稼ぎやすいジャンルです。それゆえにトップアフィリエイターがこぞって参入しており、中級者でも太刀打ちできないレベルになっています。

7 育毛剤関連　月商1,000万円以上
　「薄毛」や「抜け毛」も悩みが深く、インターネット上で購入されやすいので稼げるジャンルです。それゆえに中級者以上のアフィリエイターが参入していることが多いです。

　最近では女性用の育毛剤なども増えてきて、まだこちらであれば初心者でも入り込む余地はあります。

8 キャッシング関連　月商1,000万円以上

キャッシング関連のサイトは「書いてはいけないこと」が多いため、記事を書いて上位表示させるSEO対策を用いたアフィリエイトが難しいです。

よってYahoo!プロモーション広告や、GoogleAdWordsなどの広告を利用した集客手法でアフィリエイトしなければなりません。このジャンルで広告を出すには、広告予算もたくさん必要なので、初心者は参入しづらいでしょう。

9 クレジットカード　月商1,000万円以上

上級者のみが参入しているジャンルです。ポイントのたまりやすさ、審査の通りやすさなどのコンテンツをまとめたフィリエイトサイトが多いです。こちらもPPCアフィリエイトで実践しているアフィリエイターが多いジャンルです。

✅ 中級者以上のアフィリエイターがやるべきこと

収益額が増えてきて、そろそろ難しいジャンルに取り組もうという場合は、**ASP担当者のアドバイスに従うのが無難**です。ASP担当者は失敗例や成功例もある程度知っているので、そういう情報を元にアフィリエイトに取り組むと失敗のリスクを下げることができます。

加えて プロの技09 で説明したように、新しいジャンルに参入する場合は**今取り組んでいるジャンルと関連するようなジャンルを選定し、既存のサイトを活かす形で、規模感を大きくしていく**のが手っ取り早いです。

極めてホワイトな形でサイト運営し、記事の質も高いのであれば、既存のサイトに新しいジャンルの記事を入れていくのがベストです。

いずれにしても、新しいジャンルに取り組む場合は「アフィリエイト収益をどこまで伸ばしたいのか」「自分のレベルはどの程度なのか」など、自分自身と相談し、そしてASP担当者と相談して決めていくのがいいでしょう。

Check!
1. 難易度は高いが収益性の高いジャンルを知ろう
2. 収益性は高いのにまだまだ参入の余地があるジャンルを知ろう
3. 難易度の高いジャンルを取り組むときはASPの情報を参考に

第3フェーズ：商品選定やジャンル選定について

プロの技 28 新着商品と人気商品、どちらがお勧め？

どのようなアフィリエイトをするにしても、商品（サービス）レビュー記事は収益化するにあたって重要になってきます。このとき「稼げる人気商品」を選択するのか、「ライバルの少ない人気商品」を選択するのか、どちらがいいのでしょうか。

Point
- 初心者は新着商品を狙おう
- 新着商品でも意外と検索数が多いものもある
- 中級者以上は人気商品を狙おう

✅ 新着商品は基本的に稼ぎやすい

基本的に「新着商品」は稼ぎやすいと考えていいでしょう。売れ筋商品や世間知名度が高い商品と比べると稼げる額は少ないかもしれませんが、これから売れていく可能性があるのが新着商品です。

プロの技26 でもお話ししたように、今は売れていない商品やこれから売り出す商品でも、企業側は商品を売るためにたくさんの広告を出します。それに伴って**商品名での検索数は伸びる傾向にあります**。

この流れを知っておくと、今は知名度がなく売れていない新商品でも、**いち早く商品レビューを行い商品名で上位表示していれば、次第に売れてくる**ということが理解できるでしょう。しかも、比較的ライバルが少なく新着商品の商品名が上位表示しやすい状況とあれば、ぜひチャレンジしたいところです。

✅ 実際の検索数はアテにならないことが多い

商品名で上位表示をさせるために商品紹介記事を書くとき、キーワードツールを使って月間の検索数を調べる人も多いと思います。新着商品は検索数を調べても「月間検索数0」や「月間検索数20」という結果になってしまうことが多いです。

しかし、これはあてになりません。たとえば「マユライズ」というまゆ毛専門の美容液を、Googleのキーワードプランナーを利用して検索すると月間「720回」という結果が出ます(商品販売開始数カ月後のデータ)。

●Google キーワードプランナー

検索語句		月間平均検索ボリューム [?]
マユライズ	〰	720

　一方、Googleサーチコンソールで検索エンジンでの月間の表示回数は「5,753回」となっています。検索結果がTOP10入りしている場合は、**検索エンジンで表示される数＝リアルな検索数**ととらえて問題ありません。

●Google サーチコンソール

26	マユライズ ↗	271	5,753

　数字で見ると約8倍の違いがあります。これは**Googleキーワードプランナーは12カ月の平均を出しているのに対して、Googleサーチコンソールは直近1カ月（正確には28日）のリアルな数値をはじき出している**からです。

　新着商品名は、販売される前は検索される言葉ではありません。そのため、販売前の時期を含めた平均値を出すとどうしても低くなってしまうのです。

✅ 人気商品にも穴場はある！

　新着商品と比べ、人気商品は中級者以上のアフィリエイターがその商品名で上位表示しようと狙っているのでライバルが多く、またその質も高い状況です。なぜかといえば、参入しているアフィリエイターは基本的にASPの担当者から「この商品名は稼げるので取り組んでください」という情報をもらって取り組んでいるからです。

　しかし、そんな人気商品にも穴場はあります。それは、**商品に特化したサイトやペラページが大量に上位表示されている商品**です。理由としては、それらのサイトはブラックな被リンク対策で上位表示している傾向が強いからです。

　商品に特化したサイトや、ペラページを使ったアフィリエイト手法を否定しているわけではありません。しかし、ブラックな被リンク対策（自動被リンクツールや自作自演の被リンク）をしていると、Googleアルゴリズムの進化によって、今では高確率でペナルティを受けます。上位表示しているサイトがペナルティを受けるということは、下位のサイトが繰り上がるということです。

極端なたとえですが、もし商品名で検索した1～50位までのサイトをがすべてブラックな被リンク対策をしているサイトやペラページだった場合、51位に自分のサイトを持っていければ最終的に1位になれるということになります。

　弊社でもASPの担当者から情報をもらって商品レビューを書くとき、商品名で上位表示されているサイトを見て、商品に特化したサイトやペラページが多ければすぐに記事を書きます。人気商品名は競合性が高いので、記事を書いた直後は50位や70位などで推移しますが、おおむね1～4カ月程度でTOP10入りしてくれます。

✅ レベルが上がってきたら人気商品に参入してもOK

　そういう意味で、SEOのレベルが上がってきた人やサイト価値が上がっている人は、人気商品に取り組むのもいいでしょう。しっかりとした記事を書いてサイトをつくれば1～4カ月程度で上位表示でき、スムーズに収益化できるはずです。

　逆に初心者の場合は、上位表示されるまでに時間がかかり「アフィリエイトってやっぱり稼げないんだ」とやる気を削がれてしまうので、新着商品から取り組むようにしましょう。

　また新着商品で商品紹介記事を書くことは、練習にもなります。私も2年前に渾身の力を振り絞って書いた商品紹介記事を振り返って読んでみると、反省点がたくさん出てきます。

- 成分についての言及が浅い
- 実際に使ったレビューが読者目線でない
- 検索意図をしっかり満たせていない
- 記事を書く順番が買いたい順番になっていない

　記事はだんだん上手に書けるようになってくるので、まずは新着商品記事に取り組んでから人気商品にチャレンジするような流れにしましょう。

Check!

1. 新着商品は今は売れなくても徐々に伸びてくる
2. キーワードツールの月間検索数はアテにならない
3. 人気商品でも穴場はある

第3フェーズ：商品選定やジャンル選定について

プロの技 29 これから売れる新着商品の見極め方

新着商品は人気商品と比べると収益性が低いことは、 プロの技28 で説明しました。しかし「売れる可能性が高い」商品を見極める方法がいくつかあるので、ご紹介します。

Point
- 売れる商品には傾向がある
- 新商品の広告予算を見極めよう
- とにかく早く商品紹介記事を書こう

✓ 売れる可能性が高い商品の見極め方

1 大企業の商品かどうか

まず**テレビCMをするほどの大企業の商品は、売れる可能性が非常に高い**です。もちろんその商品のテレビCMをしなくても、インフォーマーシャル、テレビショッピング、雑誌広告、つり革広告、街頭広告など大きな広告予算を使って、プロモーションしてくれる可能性があるからです。

このような**新商品は商品名での検索が一気に増える可能性が高い**ので、期待できます。

2 WEB広告予算が多いかどうか

ニュースアプリ、インスタグラム、Facebook、Yahooニュースなど**いろいろなサイトで広告を見かけるような商品も、売れる可能性が高い**です。またその商品の販売ページに行った直後、いろいろなWEBメディアを見たらその商品の広告が流れるようになったという商品も売れる可能性があります。**リターゲティング**という手法を使っていると考えられるからです。

しっかりとWEB上でプロモーションするための予算を確保している可能性が高いので、商品名での検索が増える可能性があります。

3 雑誌で紹介されている

雑誌広告もなかなか高い広告料が必要なため、**複数の雑誌に多く広告を出しているような商品も期待できます**。特に、商品販売LPに「雑誌に掲載されました」と複数の雑誌の表紙が掲載されているような商品は期待できます。こちらも

雑誌に掲載されることにより、商品名での検索が増えます。

4 タレントを起用している

そもそも、タレントを起用するのはかなりの広告予算が必要です。年間契約などになると何千万円というレベルの話になるので、**ほかの広告も積極的に行う可能性があります**。

またそのタレントの影響力があればあるほど、商品名の検索数が増えます。

5 過去にヒットした商品のメーカーが販売している

普通の新商品と、過去に大ヒットした商品を販売したメーカーが出した新商品とでは期待度が全然違います。

過去に大ヒットした商品を持っているメーカーや販売元は「勝ちパターン」を知っているからです。「こういう広告をここで出せば売れる」という法則を持っていることが多いので、成功確度が高いです。

よって新商品をアフィリエイトできるようになった場合、その企業のほかの商品もチェックするようにしましょう。

✅ 最も重要視するのは、「広告予算が多いかどうか」

結局のところ何が一番重要かいうと、**潤沢な広告予算があるかどうか**です。やはり広告予算があればいろいろなメディアで露出できるので、商品名での検索数が増えます。

初心者はここで紹介したポイントをチェックし、広告予算が多いかどうか判断するようにしましょう。中級者であれば、その商品が月間どれくらいの広告予算があるのか確認するのがいいでしょう。

概ね月間2,000万円程度使えるような商品は、商品名検索が増える傾向にあります。

✅ できるだけ早く商品紹介記事を書くのがポイント

このような収益があがりやすい商品をいち早く見つけた場合は、とにかく**スピーディーに記事を執筆し上位表示する**のがお勧めです。

私が運営するアフィリエイト会員サービス「ALISA」では、広告予算が比較的多い新商品やテレビCMをする予定の新商品、タレントが起用される新商品などをASPからいち早く情報を仕入れ、ALISAの会員に紹介するサービスも実

施しています。

　というのも、先に商品名で上位表示を行いその記事がいいものであれば、比較的長く上位表示してくれるからです。逆に同じ質の記事を執筆しても、すでに魅力的な記事が上位を独占しているとなかなか順位が上がりづらいのです。

　繰り返しますが、とにかく**早く商品名で上位表示することは非常に重要**です。

- ASPから情報を仕入れる
- ここで紹介した傾向のある商品かどうかチェックする

など行い、その傾向のある商品に出会ったときは、とにかく商品紹介記事を書いて商品名で上位表示するようにしましょう。

✅ 上位表示したあとに順位が下がってきたときの対処法

　総合サイトなどサイト価値の高いサイトを運営している場合、新着商品の商品レビューなどを書くと、早ければ即日に上位表示される場合があります。「先に上位表示しておくと比較的長く上位表示される」と先ほど説明しましたが、ライバルがだんだんと増えてくるのは事実です。

　何も手を打たず放っておいて10位以下になってしまうと、再度トップ10入りするのに時間がかかります。1つでも順位が落ちたら、以下のような対処を速やかに行いましょう。

- レビュー部分の写真を追加する
- 継続的に商品を利用して経過を報告する箇所を作る
- 新しい口コミを見つけるたびに追記する
- Facebook広告を利用していいねをふやす
- 補足記事を追加して内部リンクする

Check!

1. 広告予算は売れるか売れないかの判断基準
2. とにかく早い情報収集が肝心
3. そしてとにかく早く商品名で上位表示することが肝心

数百円の報酬の差でASPを切り替えると……

　弊社は多くのASPとおつきあいがあります。とあるASP担当者と「アフィリエイトリンクの張り替え」についての話になったことがあります。

　その担当者は、「500円とか1,000円レベルの報酬差でほかのASPのリンクに張り替えられたら、もう二度と良い情報は教えたくなくなるので、体裁上は仲良くするものの、おいしい情報は絶対に教えない」と言っていたことをよく覚えています。

　もちろん、ASP担当者がついていないアフィリエイターがどのASPを使うかどうかは自由ですが、こんな商品のアフィリエイトリンクを張り替えるのは注意です。

- その商品をアフィリエイトするきっかけをくれた（情報をくれた）
- 商品レビューをするにあたってサンプルを用意してくれた
- その商品を売った実績がないのに特単を調整してくれた

　このように、特定のASPに労力と時間をかけてもらった商品は、無断で張り替えてしまうと、関係が悪くなってしまいます。

● ASP担当者と上手に付きあうために

　よって弊社では、次のようなレギュレーションでASPとお付きあいするようにしています。

- 商品レビューは先に情報をもらったASPを利用する
- あとから情報をもらっても、上記の旨を伝えてお断りする
- ただし、代替案など（他商品で協力できるものはないかなど）を提案する
- 報酬差にかなりの差がある場合は、担当者に正直に言って特単の調整をしてもらう

　アフィリエイトというのは作業自体は一人でできますし、最先端のマーケティング手法ですが、「義理人情」が非常に強い、古臭いマーケティング手法でもあります。

　その点を理解してASP担当者と接し、円滑なコミュニケーションを武器に収益化を図っていきましょう。

Chapter - 3

ASPの裏側を知って
収益を向上させよう

ASPを味方につけることができれば収益アップにつながる可能性がとても高まります。ASPの考え方や裏側を詳しく説明していきますので、ASPとうまく付きあっていく参考にしてききましょう。

プロの技 30　ASPからの特別オファーを引き出す

ASPでは、広告掲載してほしいアフィリエイトサイトへ特別オファーをすることが多々あります。特別オファーとは通常出回っていない特別な条件のことで、成果報酬や成果地点、掲載固定費、承認率保証、LPやバナーなどの素材、クローズドプロモーションなど、ほかにもいろいろなものがあります。

Point
- スモールワードでもいいので検索結果上位を狙う
- ASPが伸ばしたいジャンルと共に成長する
- オファーが来たら受けてみよう

初心者はビッグワードに固執しすぎない

一般的に検索数が多い「キャッシング」や「FX」、「脱毛」など、いわゆるビッグワードで検索結果の1ページ目に表示されていれば、100％といっても過言ではないくらいの確率でASPからの連絡があるでしょう。

そのキーワードで検索上位になることは収益が大きいので、アフィリエイターの夢の1つでもあります。しかしアフィリエイト初心者が、有力アフィリエイターや個人ではたちうちできない企業がひしめくなかで、そんなキーワードを狙っていくのは現実的ではありません。

アフィリエイト初心者は複合ワードを狙おう

上記のようなビッグワードにプラスして、ほかのキーワードを合わせた**複合ワード**でも特別オファーは狙えます。複合ワードであっても検索結果の1ページ目をキープできれば、ASPから連絡が来るチャンスがあります。たとえば、「キャッシング 審査」や「FX スプレッド」、「脱毛＋体の部位（ヒゲ、膝、腕など）」などです。下はビッグワードにプラスする、お勧めのワード例です。

- 「比較」　●「口コミ」　●「ランキング」　●「評判」　●「おすすめ」

アフィリエイトをはじめたばかりならスモールワードで慣れていくのをお勧めしますが、そこをクリアしたあとはこれらの複合ワードを中間目標として目指してみましょう。

● ビックワード

- 育毛剤
- ウォーターサーバー
- 車買取
- 脱毛エステ
- 精力剤
- ニキビ化粧品

● ビックワードとの掛けあわせ

- 育毛剤　おすすめ
- ウォーターサーバー　人気
- 車買取　車売る（言い換える）
- 脱毛エステ　渋谷
- 精力剤　ランキング
- ニキビ化粧品　口コミ

 ASPが拡大していきたいジャンルを探り、逆オファーしていく

　ここからはアフィリエイターではなく、ASP側の立場で考えてみましょう。もしASP側に、これから注力していきたいジャンルや力を入れたい商品があったしたら、どのような行動に出るでしょうか。たとえスモールワードや検索結果が1ページ目に入らなくても、どんどんオファーすると思いませんか。

　ASPはそれぞれ得意ジャンルが異なります。その得意ジャンルをさらに伸ばしていくか、それともまだ確立できていないジャンルに注力していくかなど、戦略はさまざまです。細かいキーワードまでチェックしたり、2ページ目に表示されているサイトでも1ページ目に上がってくることを想定してチェックしています。そこをアフィリエイターたちは逆手に取るべきです。

　ASPの注力ジャンルを知って、特別オファーを自分から「逆オファー」するのです。ただし、ASPが注力しているジャンルは下記の状況によって異なるので、事前のリサーチは必ずしてください。

● ASPが注力するタイミングの例

- 政府の規制緩和
- TV、新聞で取りあげられた商品
- 市場の成長性

　積極的に、ASPに**「今注力しているジャンル」「これから注力していく予定のジャンル」「それらの注力度合い」を問い合わせ**してみましょう。ASPが注力しているジャンルに関連するサイトを持っていて、スモールワードでも検索結果の上位に表示されていたり、ミドルワード以上で2ページ目以内をキープでき

ている場合は、そのサイトをASPに提案してみましょう。

● ASPへの「逆オファー」の例

- 「○○のキーワードで□□位に表示されているサイトを持っています」
- 「月間の発生件数は約△△ほどあります」

　もし「逆オファー」によって特別な条件が出れば、しめたものです。たとえ出なくても特別オファーをただ待っているよりは圧倒的に早くジャッジされるので、ライバルたちよりも早く、次の戦略を練ることができます。

✅ 広告主からの依頼もある

　広告主からの依頼があってASPからアフィリエイターに特別オファーをすることもあります。広告主は自社でリスティング広告を出しているケースが多いので、どのようなキーワードでコンバージョンが多いのか、質の良いユーザーを集められるキーワードは何なのかというデータを持っています。それに基づいて、**アプローチしてほしい媒体をASPに送ってくることがあります**。

　一見その広告主とは関連がなさそうなキーワードで、1ページ目にいるサイトへ意外な特別オファーがくることもあります。その場合、全く関係ない商品・サービスだからといって無視するのではなく、まずは特別オファーをもらい、積極的にASPとコミュニケーションをとって関係を築くようにしましょう。

● 意外なオファーの事例

- 「出生届け　書き方」　⇒ 育児系の商品からのオファー
- 「オタク婚活」　　　　⇒ 出会い系サイトからのオファー
- 「妊婦　刺身」　　　　⇒ 葉酸サプリからのオファー
- 「防腐剤フリー」　　　⇒ オーガニック化粧品からのオファー

Check!

1. ビッグワードや獲得が見込めるキーワードで上位の場合は100％に近い確率で特別オファーが来る
2. ASPが注力しているジャンルを知ろう
3. 関連性が直接ないような商品やサービスの特別オファーでもまずは受けてみよう

プロの技 31 ASPが求めるアフィリエイター

プロの技07 でもお話ししたように、互いにパートナーとしてASPといい関係を築くことは大切です。アフィリエイトはあくまでもビジネス。しかし、そこには人間が関わります。ASPの担当者も1人の人間なので、良好な関係が築けていれば「この人には何かしてあげたい」という情が生まれるものです。

Point
- まずは成果件数が大事だが質も意識する
- 広告主が嫌がることはしない
- ASPと共に成長していく意識を持つ

✓ 成果件数の量と質の良い成果

アフィリエイターもASPも、成果件数が発生しないことには売上にはつながりません。そのため互いに件数を増やすために努力し、その結果、件数を多く獲得できるアフィリエイターがASPから好まれます。

量という観点でいえば、集客方法は何でもかまいません。ただし、それに加えて、**成果の質が良いアフィリエイターはさらに好まれる**ということをお伝えしておきます。

プロの技02 でも触れましたが、**「質の良いユーザー」とは、広告主が求めている利益になるような行動をしてくれるユーザー**のことを指します。質の良いユーザーを多く集められるASPが、おおもとの広告主から高い評価を得ることが

● 質の良いユーザー・質の悪いユーザーの例

- 成果件数：月間30件
- 丁寧なレビュー記事を書くのが上手

- 成果件数：月間100件
- SEO対策が上手で獲得件数が多い

- 成果件数：月間50件
- 他社商品を批判してアフィリエイトしている

- 成果件数：月間80件
- ユーザーに迷惑がかかるスパム行為で集客している

できるのです。ASPの立場からすると、成果の質が良いアフィリエイターを好むのは当然ですね。

しかし厄介なことに、**ユーザーの情報は広告主側で管理されるため、ASPやアフィリエイターは知ることはできません**。一般的には検索エンジン（特にSEOサイト）からの集客であれば質は高いといわれています。なぜなら、SEO対策を行う場合、コンテンツの量と質がしっかりしていないと検索エンジンで上位表示されないため、結果的にユーザーが接触するコンテンツは質の高いものになり、それにたくさん出会うことになるからです。

その中でも**緊急性が高いキーワード**、**目的がはっきりしているキーワード**、**商品名やサービス名などのキーワード**などが評価されます。ユーザーと商品の初回接点は、その後の広告主の顧客リレーション（ここでいう質）に大きく影響を与えるのです。もし気になる場合は、ASPに自分のサイトのユーザーの質はどうなのか、問い合わせをしてみるのも1つの手です。

そのほかの方法としては、 プロの技46 でも記載しているように、広告主との打ちあわせの際に直接聞いてみるのもありです。アフィリエイトサイトごとにユーザーの質のデータを管理している場合は、フィードバックをもらえます。

✓ 広告主の視点を持とう

ここでいう「広告主の視点」とは、次の4つです。

1 現在何の商品・サービスに力を入れているか

広告主には、特に売りたい商品というものがあります。**利益率の高いもの**、**いっきに市場シェアを取りたいもの**、**新商品や新サービス**などです。見分ける方法の1つとしては、テレビや雑誌、新聞、交通広告、ネット広告などで大々的にPRしているものと考えればわかりやすいでしょう。

日頃からいつどこに何の広告が出ているか、アンテナを張っておきましょう。もしその商品・サービスがASPのプロモーションになければ、ASPにリクエストしてみてください。ASPはとても多くの企業と付きあいがあるので、取り扱うことができるかもしれません。

2 どんな集客を望んでいるか

これは各広告主によってまちまちです。「どんな集客をしているアフィリエイトサイトでも件数が取れるならオールOK！」という広告主もいれば、「検索エ

ンジンからの集客は最高だけど、SNSからの集客はちょっと……」という広告主もいます。ただ間違いないのは、**SEOサイトで商品・サービス名ではないキーワードで集客する**ことです。

　なぜなら広告主がたくさんサイトをつくって、時間がかかるSEO対策をして、しかも上位に表示されるかどうかわからないということをやることは現実的ではないからです。ですので、アフィリエイターにそこはお願いしたいというニーズが生まれます。

3 どんなコンテンツで紹介してほしいか

　当然ながら、悪いことを書いてほしいと思う広告主はいません。**ブランドイメージや評判が下がることを、広告主はとても嫌います**。

　広告主は自社の商品・サービスを使ってもらって、そのよさを細かくわかりやすくユーザーに伝えてほしいと考えています。そのため、**紹介する商品・サービスを1度は利用してみましょう**。自分で体験したことを記事に書くことで、オリジナリティも生まれます。

4 正しく紹介されているか

　サイトをつくったときは正しい情報だとしても、時間が経つにつれ内容を変更しなければいけないという状況もあります。たとえば商品価格や金利、会員数、店舗数、成分など無数にあります。毎月のように変更になるものもあり大変ですが、この修正にはしっかり対応しましょう。

　特に、**ASPからの連絡は広告主から依頼を受けている場合が多いので、必ず対応してください。**

過去に、広告主が起用していた芸能人との契約が切れたにもかかわらず、ASPからの再三の修正依頼も無視し、アフィリエイターのサイトに修正が反映されず広告主とトラブルになったというケースもありました。

有力アフィリエイターであるアフィリエイト野郎さんも、修正対応の重要性を書いています。

> 「ASPからの修正依頼を無視していたらアカウント停止に」
> 参照 http://afi8.com/2015/01/23/11823/

以上4点を挙げましたが、これら広告主の視点を理解しているアフィリエイターはASPや広告主から好まれるので、アフィリエイトを行う際は念頭に置いておきましょう。

✓ 一緒に伸びていこうという姿勢が大切

繰り返しますが、**アフィリエイトは人と人とのつながりが重要**なので、「共に頑張ろう！　一緒に成長していこう！」と思っているアフィリエイターは好まれます。一緒になって向上していくことがお互いに近道なので、ASPから来た提案は前向きに受け止めましょう。

来た提案がサイト運営上合致しなかった場合も、理由を添えて断りの返信をすると、また別のコミュニケーションが生まれる可能性もあります。できるかぎり返信してみましょう。

またセミナーや懇親会などでASPの人と一緒になる機会があれば、積極的に声を掛けてみるのもいいでしょう。通常はASP側から声を掛けることが多いですが、ASP側からすると嬉しいものです。それがきっかけで知らなかった情報が得られたり、新しい人間関係が生まれたりするかもしれません。

是非ASPに熱意を伝えてみてください。

Check!
1. 成果件数の量だけでなく質も重要
2. 広告主のことを理解していて、その視点で見ることも重要
3. 一緒に伸びていこうと一生懸命なアフィリエイターは好まれる

プロの技 32 ASPによって得意なジャンルはあるのか

第2章ではサイトのつくり方や集客方法、ジャンルについて学んできました。アフィリエイトサイトで稼ぐためには、ジャンルとASPの選定はとても重要です。ASPにはそれぞれ得意ジャンルがあるので、具体的にその関係をみていきましょう。

Point
- ASPの得意ジャンルを把握しよう
- ASP選びは重要
- 悪質なASPには気をつけよう

 なぜASPによって得意ジャンルが異なるのか

そもそも、なぜASPによって得意ジャンルが異なるのでしょうか。大きく関係しているのは、主に次の4点です。

❶ ASPの力の入れ具合
❷ そのジャンルのプロモーション数
❸ 有力な広告主がASPに参加しているかどうか
❹ 広告主とASPの関係性

これらがうまく噛みあったときに、得意ジャンルが生まれます。ASPは常に新たなジャンルを生み出そうとしているので、上記のポイントを知ることで、今後どんなジャンルがどのASPで伸びてきそうかを知るヒントになります。

 オススメ主要ASPの得意ジャンル

オススメ主要ASPの現在の得意ジャンルの一部を表にしました。あわせて、ジャンルの取り組みやすさと稼げる額の大きさもチェックできるようになっているので、参考にしてみてください。

またジャンルを選ぶときには、**ASPが実施しているジャンル毎の特集に目を向ける**のもいいでしょう。特集を組むということは「そのジャンルが伸びる」「強化したい」ということです。そのジャンルの繁忙期に間にあうように特集がリリースされるので、早めに取り組んで繁忙期を逃さないようにしましょう。特集の情報収集に関しては、プロの技38 で述べています。

大ジャンル	ジャンル	取り組みやすさ	リターン	ACCESS TRADE
エステ	脱毛		◎	
	痩身・フェイシャル	○	○	
金融・投資	キャッシング		◎	
	クレジットカード		◎	○
	保険		◎	
	証券		○	◎
	銀行			
	FX		◎	◎
人材	人材紹介・転職・求人		◎	○
ボディケア	デオドラント・制汗	○		○
	ダイエット			
	バストアップ	○	○	
スキンケア	洗顔・クレンジング			○
	ニキビケア	○	○	
	オールインワンジェル		○	○
化粧品	化粧品	○		○
健康食品	青汁		○	
	酵素		○	
	葉酸	○	○	◎
	精力剤・マカ	○	○	
	乳酸菌・便秘			○
	黒酢・にんにく			
	ブルーベリー			○
ヘアケア	育毛剤		◎	◎
	白髪染め		○	◎
婚活	結婚相談		○	
	パーティー	○	○	○
	マッチングサービス・アプリ	○	◎	
自動車売買	車買取査定・車購入	○	○	
ファッション	メンズ			○
	レディース			
住宅・不動産	引っ越し	○		
	賃貸・不動産		○	
旅行	旅行・ホテル			
士業・探偵	士業・探偵		○	
通信	SIM		○	◎
	プロバイダー			○
教育	資格・通信教育			○

※2018年3月現在

afb（アフィb）	A8.net	JANet	Rentracks	Value Commerce
◎	○		○	
	○			
○		◎	○	○
	○	◎		◎
○	○		○	
		○		○
				◎
○				
○				○
◎	○			
	○			○
○	◎			
○	○			
○	○			
○	○			
○	○	○		
○	○			
◎	○	◎		
◎	◎			
○	○			
○	○			
◎	○			
	○			
◎	○			
○	○			
◎	○			
○			◎	
○	○	○		
○	○	○		
	○		◎	
	○		○	○
				◎
○			○	
	◎			
	○			

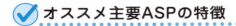オススメ主要ASPの特徴

すでに登録されているASPもあるかもしれませんが、新たなジャンルを取り組むにあたり、それぞれのASPの特徴もまとめてみました。先ほどお伝えしたジャンル早見表に加え、このASP比較表で各ASPの特徴もつかみ、どのASPでどのジャンルを取り組んだらいいか判断しましょう。

	ACCESS TRADE	afb（アフィb）	A8.net	JANet	Rentracks	ValueCommerce
報酬最低支払額	1,000円	777円	1,000円	1,000円	39円	1,000円
支払いサイクル	45日	30日後	45日後	45日後	30日後	45日後
振込手数料	無料	無料	アフィリエイター負担	無料	無料	無料
内税/外税	外税	外税	外税	外税	外税	外税
審査の有無	有り	有り	無し	有り	紹介制	有り
副サイト	100	無制限	300	無制限	無制限	無制限
ランク特典	有り（ATステージ）	有り（アフィリエイトステージ）	有り（ASランク）	無し	無し	無し

1 ACCESS TRADE　https://www.accesstrade.ne.jp/
- FacebookページやTwitterでも登録可能
- 金融系に強い

2 afb（アフィb）　https://www.afi-b.com/
- 最低支払金額のハードルが低い
- 支払いサイトが短い
- カイゼン宣言や対応などアフィリエイターに親身

3 A8.net　https://www.a8.net/
- 日本最大級のASP
- サイトの審査がない
- 初心者向けのコンテンツが充実している

4 JANet　https://j-a-net.jp/
- アプリ広告が多い（同会社運営のスマートC）
- 海外にも展開している

5 Rentracks　https://www.rentracks.co.jp/works/asp.html
- クローズドASP
- 紹介や声がかかると登録可能

6 ValueCommerce　https://www.valuecommerce.ne.jp/
- ヤフー系列のASP
- 日本で一番最初のASP
- 大手の広告が多い

　日本には100社以上ASPが存在するといわれています。利用していくなかで、自分にあったASPを見極めていきましょう。
　ただ、プロモーション数や運営ノウハウがあったり、透明性が高かったり、倒産する可能性が低かったりというように、**大手ASPのほうが安心感や信頼性につながる要素は多い**です。
　そして残念ではありますが、実際に悪質なASPも存在しています。とあるオプトインアフィリエイトのASPで起こった事件で、アフィリエイターへの報酬が入金されなかったということがありました。せっかく努力して稼いだのに入金されなければ全く意味がありません。
　やはりASPは、上述したような大手の信頼できるところを選びましょう。

Check!
1 ASPの得意ジャンルが異なるのには理由がある
2 ASP毎の得意ジャンルを活かして取り組もう
3 ASPの特徴を把握して、自分にあったASPを利用しよう

プロの技 33 クローズドプロモーションの魅力と実態

ASPは多数のプロモーションを取り扱っていますが、実は表に出ていないプロモーションも存在します。いわゆる、「クローズドプロモーション」と呼ばれるものです。ここでは、クローズドプロモーションの魅力と、提携の方法についてお話ししていきます。

Point
- 通常（オープン）では見つからないクローズドプロモーションが存在している
- クローズドプロモーションは一部の有力アフィリエイターが提携していることが多い
- クローズドプロモーションを探してみよう

 そもそも何故クローズドなのか？

afb（アフィb）では、クローズドプロモーションが約300あります（2018年3月時点）。実際、案件のほとんどはオープンプロモーションです。アフィリエイターが自由に提携申請できるオープンプロモーションのほうが広告主にとってメリットがあるはずなのに、どうしてクローズドで実施する必要があるのでしょうか？

そのよくある理由としては以下が挙げられます。

- 薬機法（旧薬事法）や景品表示法など、法律の関係で広告掲載前のチェック体制が厳しい広告主の場合
- 一部の有力なアフィリエイター向けの特別条件で実施する場合
- ほかのASPより報酬が高い場合
- 管理の簡略化や予算の関係上、少数のアフィリエイトサイトのみ提携したい場合
- ASPの動きや信頼性が最初はわからないのでスモールスタートする場合

やむを得ずクローズドで実施しているケースや、望んでクローズドで実施しているケースなどさまざまです。クローズドで実施している理由を知ることができれば、それに見あったサイト作成や集客方法を行うといった対策が打てます。**なぜクローズドなのかを意識して探しましょう。**

クローズドプロモーションの探し方は後述します。

✓ クローズドプロモーションの魅力

　それではここからが本題です。一体クローズドプロモーションは、なぜ魅力的なのでしょうか？

1 報酬や条件が良い場合が多い

　一部の有力なアフィリエイターのために用意されているプロモーションの場合、**報酬やその他条件が通常（オープン）のものとは全く違っていたりします**。

　あるFXのプロモーションを例に見てみましょう。オープンの場合では成果地点が「口座開設完了後の入金」で成果報酬が約1万1,000円なのに対し、クローズドで実施しているプロモーションのほうは、成果地点が「口座開設完了」で成果報酬が約1万3,000円です。どう考えてもクローズドプロモーションのほうがいいですよね。

● オープンプロモーションとクローズドプロモーションの条件の差の例

2 ライバルが少ない

　通常は知ることができないプロモーションなので、実施しているアフィリエイターが少ない状況です。たとえば、**その商品名（サービス名）のキーワードでSEO対策して上位を狙うようなサイトを作成する場合は、圧倒的に有利**です。

3 有名企業や大手企業も多い

　クローズドプロモーションの中には、名前を聞いたことあるような企業が多いです。大手企業になればなるほど、企業イメージ（ブランディング）やリスクヘッジを大事にしなければいけないことも多いためです。

　ただ、そういう企業はテレビや雑誌や交通広告などいろいろなところで露出していることが多いので**認知や安心感があり、申込みにつながりやすい**です。

クローズドプロモーションの探し方

では、そんな魅力的なクローズドプロモーションはどうやって見つければいいのでしょうか？ いくつか方法があります。

1 すでに実施しているサイトから探す

取り組みたいジャンルや商品（サービス）がある場合、まずはASPでプロモーションを探すと思います。その後、その商品名（サービス名）や関連キーワードで検索エンジンで検索して、いろいろなサイトを見てみてください。そうすると広告を載せたアフィリエイトサイトが見つかるはずです。

もしそこに、**ASP内のプロモーション検索では見つからなかった商品（サービス）があった場合、その広告リンクにマウスオンしてみてください**。するとブラウザのステータスバーにURLが表示され、そのURLがASPのものなら、それはクローズドプロモーションということです。

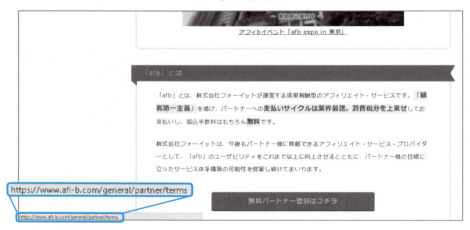

2 ASP担当に聞いてみる

ASPの担当者がついている場合は、担当者にクローズドプロモーションがあるかどうか、**提携条件や成果報酬・成果地点・却下条件はどうなのか聞いてみる**のが早いです。逆に、担当者からクローズドプロモーションを掲載してほしいという依頼が来ることもあります。

3 自分で問い合わせてみる

ASPの担当者がついていない場合は、問い合わせ窓口から聞いてみてください。その際、前頁1の方法と組みあわせて、「**○○という商品（サービス）はク**

ローズドで実施していると思いますが、提携できますか？」と聞くとスムーズです。

4 ランクやステージ制度で上を目指す

プロの技32 で触れましたが、ASPのなかにはランクやステージ制度を実施しているところがあります。そのランクやステージ制度で上位になれば、クローズドプロモーションを見ることができるようになるASPもあります。たとえばafb（アフィb）ではその特典があり、ゴールドステージ以上の特典となります（2018年3月時点）。

提携承認の優先機能	クローズド案件の開示	CVR・承認率データ開示
プロモーションによっては、提携にクライアント審査が必要なケースがあります。審査にかかる期間はまちまちですが、中には時間のかかる場合も提携承認が少しでも早くなるようにステージ毎に優先順位をつけました。※必しも早くなる場合ではございませんのでご了承下さいませ。	アフィリエイトプロモーションの中にはクローズドプロモーションも多くあります。ゴールド以上のステージ限定で一部クローズドプロモーションの情報を開示させて頂きます。※全てのクローズド案件ではございませんのでご了承くださいませ。下記ボタン飛び先の（）内の数字がクローズド案件となります。	数多くあるプロモーションの中で、どれが自分のサイトにマッチしているか判断するのは難しくなっています。そこで判断基準の一つとしてCVR（コンバージョン率）、承認率を開示させて頂きます。※新着プロモーションなど実績が計測できないものは表示できませんのでご了承くださいませ。

✓ クローズドプロモーションの提携基準

これでクローズドプロモーションは探すことができますが、**提携できるかどうかは各プロモーションごとの条件によります**。特にハードルなく提携できるプロモーションもあれば、逆に予算や管理上の都合で新たに提携はできない場合もあります。また獲得件数の見込みに見あわないと提携できないケースや、サイトのコンテンツを細かく見られ修正が必要な場合もあったりします。

大変な条件の場合もありますが、クローズドプロモーションはメリットも大きいので、ぜひチャレンジしてみてください。

> **Check!**
> 1 クローズドの理由を知ろう
> 2 クローズドプロモーションのメリットは大きい
> 3 クローズドプロモーションを探す方法はいくつかある

プロの技 34 特別素材の提供や取材調整でコンテンツ力アップ

オリジナリティあるコンテンツを用意することは、アフィリエイターにとって重要な仕事のひとつです。しかしある程度いろいろなコンテンツを盛り込むと、そのネタが見つからないということも出てくるのではないでしょうか。ここではなぜコンテンツが重要なのかと、コンテンツに活かせるネタについて解説します。

Point
- 「コンテンツ・イズ・キング」という考えでサイト作成しよう
- コンテンツを充実させる方法はいくつもある
- 広告主への取材や商品の体験はコンテンツ充実に手っ取り早い

 ### コンテンツがなぜ重要か？

アフィリエイトサイトにおいてコンテンツとは**ユーザーとの接点となる部分**で、**ユーザーニーズを満たしてあげられるかどうかが重要**です。

たとえば、「酵素ダイエット　やり方」というキーワードで検索してきたユーザーに対して、「酵素ドリンクや酵素サプリを用いたファスティングのやり方」を情報提供できないサイトは、ユーザーのニーズに応えてあげられていません。ユーザーの離脱率は高まってしまうでしょう。

また、**ユーザーが求めている信頼性のある良質なコンテンツであれば、CVRが高まる**傾向にあります。 プロの技14 で述べた商品レビューは、その良い例です。

ここ数年、コンテンツの重要性が叫ばれるようになりましたが、これは今にかぎった話ではなく、**コンテンツはいつの時代も重要**です。これだけ騒がれはじめたのは、Googleが質の悪いコンテンツの評価を下げるアルゴリズムを採用したことが要因の1つにあります。いわゆる**パンダ・アップデート**です。

その結果、オリジナリティがない低品質なコンテンツはSEO対策上でもよくない影響を及ぼすことから、集客の面でも良質なコンテンツがより重要な時代になりました。

今ではコンテンツマーケティングというキーワードが定着し、バイラル効果を狙った手法や専門家を起用する手法など、様々な手法が存在しています。

特別素材や取材調整でコンテンツ力アップ

　コンテンツを強化する方法はいくつもあります。たとえば、同じサービスをユーザーが見やすいようにポイントをまとめて比較表を作成することや、ユーザーにアンケートをとってその結果を記載してみるなどです。

　それら以外にも、広告主の協力を得て良質なコンテンツを増やす方法もあるので、いくつかご紹介します。

1 特別素材を提供してもらう

　特別素材を提供してもらうとは、**通常出回っていないバナーなどの広告原稿をクライアントに用意してもらったり、商品やそのジャンルの特徴をより細かくまとめた情報（ポイント）を提供してもらう**ことです。

　バナーであればアフィリエイターのサイトにマッチしたデザインや訴求で用意してもらえたり、情報（ポイント）であれ通常ではわからない情報が得られる可能性があったりと、コンテンツ力アップに活かせます。

2 取材調整をする

　取材の調整をするというのはその名のとおり、**実際に広告主のところに出向いて商品について質問したり、実際にサービス体験をさせてもらったりする**ことです。身を持って体験したことをコンテンツにできれば、オリジナリティとリアリティある訴求をユーザーにすることができます。

⚠ 注意点

　特別素材や取材調整は、コンテンツ力アップには良い方法ですが、**広告主のリソースを割いてしまっているということを忘れてはいけません**。

　通常案件と異なり労力を裂いているので、広告主側も「このアフィリエイターはどれくらい有力なのか？」「しっかり成果を出してくれるのか？」ということを厳しく考えます。**これまでの実績がある場合はそれを伝えることが必要**ですし、**ない場合はこれから成果が伸ばせることをクライアントに理解してもらわなければなりません**（たとえば、「今後予算〇〇円で〇〇というキーワードを中心にリスティング広告に出稿する」というような具体的な提案をするなど）。

　アフィリエイトをはじめたばかりというよりは、ある程度稼げるようになり、更に規模拡大していくようなときに活用するのがいいでしょう。

✓ 特別素材や取材調整の段取り

　では、特別素材を提供してもらったり取材調整をしていく方法を見ていきましょう。まずは以下の情報をASPに伝えましょう。ASP担当者でも、問い合わせ窓口でもかまいません。

- サイト名、URL
- サイトの実績やPR（集客方法や集客キーワード、検索順位、PV、UUなど。新規サイト立ち上げのためまだ実績がなければ他サイトの実績でも可）
- 趣旨（以下例）
  →○○の商品を更にPRしていくため商品やそのジャンルの特徴をより細かくまとめた情報（ポイント）を提供してもらえないか？
  →○○のサービスを新たに紹介していくため取材をすることは可能か？
- 対象の広告主名
- 掲載予定ページURL（新規なら記載なしでOK）
- 想定獲得件数（可能であれば）

　その依頼を受け取ったASPが広告主に確認をし、OKが出れば実施となります。残念ながらNGとなった場合は、次回の参考のためにどのような条件（たとえばサイト実績なのか獲得件数なのかなど）があれば可能なのかを聞いておきましょう。

　取材調整の場合は、更に細かい情報を決める必要があります。取材OKとなれば、最低限事前に以下の内容を固めておく必要があるので参考にしてください。

- いつ、どこで、誰が誰と
- 当日のタイムスケジュール
- 質問内容、撮影内容、体験希望内容
- 権利関係（広告主側スタッフの顔出しOKか、撮ってはいけないものがあるかなど）
- サイトへのアップ目処

Check!

1. コンテンツは言わずもがな重要
2. 良質なコンテンツを増やすために特別素材や取材調整はもってこい
3. そのための段取りをしっかりしよう

プロの技 35 サイトのデータを開示して特別単価をもらおう

人間が健康状態を計るのと同じで、サイトの健康状態を測るためにデータの取得は必須です。オンライン上ではいろいろなデータが取れるので、サイト改善の参考にしましょう。そしてデータを活かして特別単価交渉時の根拠としましょう。

Point
- データを活用する癖をつけよう
- まずは無料のツールをいろいろ試してみよう
- データを活用して交渉しよう

データを知ることの重要性

ウェブは実店舗などのオフラインとは違い、いろいろな情報を簡単に取得できます。

- サイトに訪れたユーザー数
- いつ訪れたか
- どのくらいの時間滞在したか
- 過去に訪れたユーザーか
- どの地域からのアクセスが多いか
- 何のデバイスか[※1]
- どの集客チャネルからのアクセスが多いか[※2]
- どんなキーワードで訪れたか

※1 スマートフォンからなのかPCからなのかなど
※2 検索エンジンなのかSNSなのかなど

ウェブ上ではこれらのデータを簡単に知ることができるので、活用しない手はありません。逆にデータを活用せずただサイトをつくって、「今日はコンバージョン1件だったか」と一喜一憂するだけでは、行った施策や改善が正しかったのかどうか判断することが難しいです。

現状を把握して仮説を立ててから改善を行い、効果測定をし、また改善に活かすというPDCAサイクルをしっかり回すためにも、サイトのデータは把握するようにしましょう。

✅ サイトのデータを知るためのツール

　サイトのデータを知るためのツールはたくさん存在します。その中でも2章でも触れた、無料で使えて数多くのアフィリエイターが使用している以下の2つのツールを紹介しておきます。

　使い方が難しいと感じるかもしれませんが、データを蓄積しておくことで、あとあとの分析にも役に立ちます。まずは入れておきましょう。

1 Google Analytics（グーグルアナリティクス）

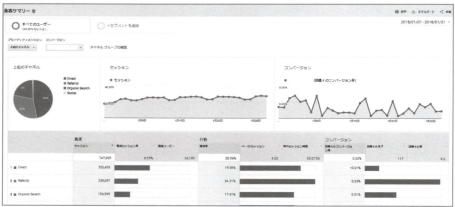

https://www.google.com/intl/ja/analytics/

　Google Analyticでわかることが多すぎるため、何を見ればいいのか迷いがちですが、最低限次のポイントを押さえておけばOKです。

① ユーザーに関して
- セッション数（訪問数）：ユーザーがサイトを訪問した回数
- ユーザー数（ユニークユーザー数）：サイトに訪れたユーザーの数
- ページビュー数（PV数）：ページが閲覧された合計回数
- 平均セッション時間：1セッション（訪問）でサイトに滞在していた時間の平均値
- 直帰率：サイト訪問時に最初の1ページだけを閲覧して離脱した割合
- 新規セッション率：サイト全体のセッションのうちの新規セッションの割合

② 集客に関して
- Organic Search：検索エンジンの自然検索からの流入
- Direct：URL直接入力、メール内URLなどリンクを経由しない直接的な流入
- Referral：リンクからの流入（どのサイトから流入したか）
- Social：ツイッターやフェイスブックなどソーシャルメディアからの流入
- (Other)：Google Analyticでうまく分類できなかった流入

③ 行動に関して
- 各ページ毎のページビュー数：ページ毎にPVがわかる
- ページ別訪問数：ページ毎に訪問数（セッション数）がわかる
- ページ毎の直帰率：ページ毎の直帰率がわかる
- 平均ページ滞在時間：特定のページを閲覧した平均時間

2 Google Search Console（グーグルサーチコンソール）

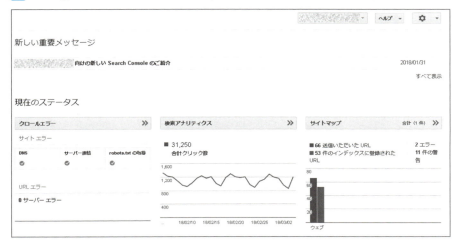

Google Search Consoleは、Googleの検索結果でのサイトのパフォーマンスを管理できるツールです。無料で利用することができます。サイトがGoogleにどのように認識されるかを確認したり、検索からのアクセスが減少した際など、その原因を素早くつきとめて解決につなげることもできます。

　そのほかには、検索結果でのサイトの表示回数やクリック率、平均順位などの情報も取得することができます。SEOの対策にサーチコンソールは欠かせないツールといえるでしょう。

● **Google Search Consoleで重要な機能**

- Googleの検索結果で何のキーワードで表示されて、どれくらいそのキーワードからクリックされ自分のサイトに訪問したのかわかる
- インデックスを早めることができる(より早くGoogleに認識されるためにFetch as Googleの部分からサイトの再クロール申請が可能)
- Googleからのメッセージを確認できる(ペナルティを受けている、モバイルフレンドリーではないなどのメッセージが届く)
- 自分のサイトへのリンクがわかる(リンク元のURLや自分のサイトのリンクされているページがわかる)

　ここでは2つのツールを挙げましたが、そのほかにも無料で使用可能な便利なツールがたくさんあるので活用してください。

- **Ptengine（ピーティーエンジン）**
  ユーザーのサイト内での行動をヒートマップで見ることができるのが特徴のアクセス解析
- **GRC（ジーアールシー）**
  Google、Yahoo、Bingの検索順位チェックツール。各URL、検索キーワードでの検索順位を過去のすべての分記録し閲覧できるのがありがたい
- **キーワード プランナー**
  Google広告のツール。キーワードの検索ボリュームを知れたり、キーワードを組みあわせて新しいキーワードを見つけたりできます。Google広告に広告を出す場合、キーワードの入札単価と予算を知ることもできる
- **Ahrefs(エイチレフス)**
  被リンク分析や検索エンジンの上位表示コンテンツ、流入キーワード、ソーシャルメディアの反応を把握することが可能

サイトのデータを開示して特別単価をもらおう

　ASPが広告主に特別単価や固定費（固定費に関しては プロの技44 参照）を交渉するにあたり、アフィリエイターのサイトの情報（データ）が重要になります。**「そのサイトがとにかくすごい」「そのサイトに掲載してもらえれば件数が伸びる」ということを広告主に理解してもらう必要があり、そこで活躍するのがサイトの情報（データ）**になります。

　たとえば、自然検索（SEO）からの集客を行っているサイトであれば、まず広告主にアピールできるのが**キーワードと検索順位**です。SEO対策しているキーワードはもちろん、上述したツールを導入していれば何のキーワードで流入が多いのかわかるので、アピールポイントになります。

　以下はAhrefsを使った検索順位分析です。

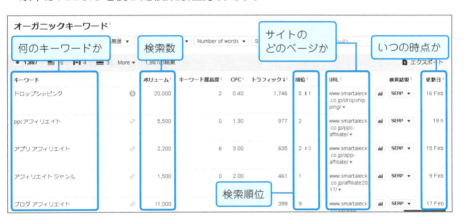

　ASPに「〇〇というキーワードで現在□位にいるので特別報酬がほしい」「〇〇や△△というキーワードでの流入が多いので特別報酬がほしい」と伝えてみましょう。サイトのユニークユーザー数やページビュー数などの数値や、別のサイトで実績のあるサイトがあればその情報（有力なサイト運営者であることが伝わればOK）も一緒に送ると、交渉材料の1つになります。

Check!

1. サイトのデータは必ず取ろう
2. データを知るツールは無料でもたくさんある
3. アピールできる具体的なデータで広告主に特単の交渉をしよう

プロの技 36
サイト修正依頼が来た場合の対応

サイトは「つくってそれで終わり」ということはありません。作成したサイトの文章や画像が誤っていたり古くなっていたりする場合は、修正をしていかなければなりません。広告主やASPが気づいて修正依頼をしてくる場合もあります。いきなり修正依頼がきて驚くことのないようにしましょう。

Point
- メディアとしての責任を持って取り組もう
- そもそも誤った情報が載らないことが一番だが、修正がある場合は速やかに対応しよう
- 有力アフィリエイターは修正が早く信頼が高い

なぜ修正対応が必要なのか？

サイトを作成して世の中に出すということは、メディアとして情報をいろいろな人に発信しているということです。それには必ず責任が伴います。

サイトの所有権はサイトを運営しているアフィリエイターです。**文章や画像が誤っていたり古くなっていたり、薬機法や健康増進法などに抵触している場合は修正する必要があります**。広告主からしても、誤った情報を持った状態でユーザーが購入（サービス申込み）をし、ユーザーが思っていた結果とは全然違う結果になりクレームが起きてしまうのは避けたいと思っています。

●クレームが起きる例

ダイエットサプリAを販売している広告主がいるとします。アフィリエイターのサイトに書いてある「ダイエットサプリAを飲めば絶対に2日で痩せる」という誤った内容を、ユーザーが信じて購入しました。

しかし、ダイエットサプリAを飲んだユーザーは実際には2日では痩せず、広告主に対して「2日で痩せるって書いてあったじゃないか！　返金しろ！」というクレームを入れました。

そのとき広告主は、どこにその誤った情報が書かれているかを探します。結果的にアフィリエイターのサイトだとわかった場合、その**運営者に対して何らかの罰則が課せられるかもしれません**。

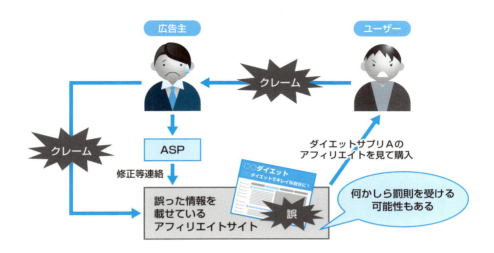

　事前にそういった互いのトラブルを避けるために、広告主からASPを介してアフィリエイターに修正の依頼をすることがあります。もし修正依頼が来た場合は、たとえ面倒でも**できるかぎり速やかに対応しましょう。**

　ただし、あまりに一方的な修正や削除依頼の場合は、一度理由をヒアリングしてみましょう。

✔ もしサイト修正をしなかった場合……

　前述したように、必ず何らかの理由や目的があって修正依頼がくるので、できるかぎり速やかに対応することをお勧めします。

　修正依頼に対応しないと、次のようなことが起こることがあります。

- 修正されるまで何度もメールや電話で連絡がくる
- 修正しないアフィリエイターという印象がついてしまう
- 提携解除される
- 成果が却下される
- 内容証明郵便で修正依頼が届く
- 広告主の弁護士から何らかの書類が届く
- アフィリエイターも弁護士を雇わなければいけなくなり、その弁護士同士で争うことになる

なぜ内容証明郵便を出すのかというと、「いつ、どのような内容の文章を出したのか」について後に訴訟等で争われることがあり、公的に記録を残すためです。

どれも経験したくないことばかりですね。広告主が法的手段に出てくることも稀にあります。大きなトラブルになる前に修正しましょう。

「海外旅行にいくので修正期限までに修正が間に合わない」という場合は、「事前に○○日までに対応する」ということを伝えておき、戻って来てから速やかに対応しましょう。それを伝えなかったばかりに、期限をすぎたため提携解除になってしまっていたという事例もあります。**やむを得ず修正がすぐに対応できないときは、できるかぎり事前に対応意思と対応予定日を伝えましょう。**

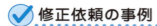 修正依頼の事例

1 基本データの相違による例（結婚相談所プロモーション）

サービス名	パートナーエージェント
サイト	結婚相談所のランキングサイト
修正内容	会員数、店舗数
対応期限	特になし

	パートナーエージェント
会員数	11,815人 ※2017年12月1日現在。自己都合・交際等により一時的に活動を休止中の会員を含む。
支店（拠点）数	全国30ヶ所（北海道（札幌店）、群馬県（高崎店）、茨城県（水戸店）、埼玉県（大宮店）、千葉県（千葉店／船橋店）、神奈川県（横浜店）東京都（新宿店／銀座店／銀座数寄屋橋店／池袋店／上野店／丸の内店／町田店／八重洲店／渋谷店）、愛知県（名古屋店／岡崎店）、岐阜県（岐阜店）、静岡県（静岡店／浜松店）、大阪府（大阪店／なんば店）、京都府（京都店）、兵庫県（神戸店／姫路店）、奈良県（奈良店）、広島県（広島店）、福岡県（福岡店／北九州店））

上記の修正内容に該当する項目は、広告主のサービス内容として予め決まっているものです。しかしアフィリエイトサイトに掲載されている内容が異なる情報だったので、広告主から修正依頼が来たというパターンです。すぐに修正対応される媒体社であるため、対応期限は特にありませんでした。

このように、**広告主のサービスで決められていることに対して誤った情報を掲載していると、修正依頼の対象になります**。

カードローンのプロモーションで借入限度額や実質年率、脱毛サロンのプロモーションで店舗数や料金なども、この修正のパターンに該当します。

2 法律に抵触する例（健康食品プロモーション）

- **商品名** 非公開
- **サイト** 青汁の比較サイト
- **修正内容** 薬機法（旧薬事法）に抵触する恐れのある文言の修正
- **対応期限** 約1週間

たとえば「ニキビが治る」や「便秘が治る」などのように効果効能を謳うことは、よほど医学的な根拠がないと難しいものです。

3 広告主のイメージを損なう例（健康ドリンクプロモーション）

- **商品名** 非公開
- **サイト** 非公開
- **修正内容** 誹謗中傷にあたるネガティブ表記の修正（削除）
- **対応期限** 約2週間

広告主の商品に対して、かなりネガティブなことをアフィリエイトサイトに載せていたため、広告主から修正の依頼がきました。このように**広告主のブランドを毀損させるようなことに対しての修正パターンもあります**。

なお、WEBは匿名性が高いといわれますが、弁護士を通じてサーバー、無料ブログ会運営社、Twitter社などに対して情報公開請求などをされれば、誰が書いたのかはすぐにわかります。

> **Check!**
> 1. 広告主、ユーザー、そして自分（アフィリエイター）のためにも修正には対応する
> 2. 深刻なトラブルになる前に修正対応をすること。修正時間がかかる場合は事前連絡を
> 3. 修正パターンを把握して修正依頼が来たら焦らず対応できるようにする

プロの技 37 リスティング広告の出稿違反とパトロール

リスティング広告は、サイトへ集客を行ううえでは有効な手段のひとつです。しかし、注意しておかなければいけない禁止事項や制限もあるので、ここでしっかり理解しておきましょう。

Point
- リスティングを行う場合は事前に「対象外キーワード」設定をしよう
- リスティング違反の回数をカウントしているASPもある
- 違反しても必ずバレると思っておいたほうがいい

✓ 出稿違反になるケース

プロモーションを探していると、「リスティングOK」「リスティングNG」「リスティング条件付OK」という表記を目にしたことがあると思います。

- **リスティングOK**
  特にキーワードに制限なく出稿していい
- **リスティングNG**
  どんなキーワードでもリスティング広告出稿をして集客してはいけない
- **リスティング条件付OK**
  広告主が決めた条件下であれば、リスティング出稿をして集客してもいい

ここで注意しなければいけないのは、**リスティング条件付OK**です。これにはさまざまな条件があり、それを違反してしまうとペナルティとなる場合があります。代表的な条件を以下にご紹介します。

1 指名キーワードNG

例：育毛剤プロモーション

【リスティング】一部可
【リスティング制限】社名・商品名でのリスティング出稿（複合キーワードを含む）は禁止
※上記は発覚次第、提携解除後、発生分の報酬を遡ってキャンセルさせていただきます。

禁止事項

社名や商品名などの、いわゆる「指名キーワード（商標キーワード）」でリス

ティング広告出稿して集客することは禁止されています。その複合ワードもNGです。

> 禁止例

会社名が「株式会社ABC」、商品名が「ハイパー育毛剤」だった場合、「株式会社ABC」や「ハイパー育毛剤」、「株式会社ABC　口コミ」、「ハイパー育毛剤激安」など、とにかく「株式会社ABC」や「ハイパー育毛剤」が入ったキーワードでリスティング出稿して集客することは禁止です。

> 禁止理由

広告主自身も同様のキーワードでリスティング広告出稿をしている場合、アフィリエイトサイトより良い位置に表示させなければいけなくなり、入札単価が高騰してしまう懸念があるからです。

また自然検索で1位にいるキーワードの場合、わざわざアフィリエイトサイトに成果報酬を支払って集客しなくても、自然検索から流入してくるはずなのでNGにしているという理由もあります。「リスティング条件付OK」のプロモーションでは、ほとんど設定されているので注意してください。

2 ユーザーが広告主の公式サイトと勘違いする出稿はNG

例：某美容整形クリニックプロモーション

【リスティング制限】当クリニック名を含むキーワードでの出稿は禁止とさせていただきます。また、公式サイトと誤認されるようなタイトル、説明文、URLの記載での出稿もご遠慮ください。

> 禁止事項

まるで広告主の公式サイトであるかのように、タイトルや説明文を記載してリスティング広告出稿することが禁止されています。通常、上記が記載されていなくても一般的にNGなのですが、より強調するために記載されています。

> 禁止例

タイトルや説明文に「公式」や「本店」と記載することは禁止です。

> 禁止理由

アフィリエイトサイトに誤った表記があった場合、ユーザーに広告主の公式サイトだと勘違いされると、広告主側にクレームがいってしまう懸念があるためです。

3 そのほかの注意事項

それ以外にも、以下のように広告主がリスティング出稿している場合、広告主の公式サイトよりも上位に表示しなければOKという条件を設定しているプロモーションもあります。また、「入札単価を〇〇円以下にしてください」と記載されている場合などもあります。

> 【リスティング】可
> ※リスティング出稿は可能ですがクライアントサイトより上位表示されませんようにお願い致します。
> 上位表示されていた場合、提携解除させていただく可能性がございます。

いろいろな条件があるので、**広告掲載する前にプロモーション詳細は必ず確認しましょう。**

「知らなかった……」で後悔しないために

禁止事項に違反すると、提携解除や成果却下になってしまう場合があります。 また、ひどい場合はASPから退会処分になることもあります。リスティング広告はクリック課金型なので、コストが先にかかってしまいます。

成果却下になってしまっては、コストをドブに捨てたのと同じです。事前に対処法を知っておきましょう。

1 「指名キーワードNG」の対応方法

除外キーワード（対象外キーワード）設定を行いましょう。以下、Yahoo!を例にします。最新の情報は公式サイトでご確認ください。

❶ グローバルナビゲーションの「スポンサードサーチ」をクリック
→「ツール」の矢印をクリック →「対象外キーワードツール」をクリック

❷「対象外キーワードを追加」をクリック

❸「対象キャンペーン」と「広告グループ」を選択 → 対象外キーワードを入力
→ マッチタイプを「フレーズ一致」に選択 → 「追加」をクリック

　ここでのポイントは、**マッチタイプをフレーズ一致で設定する**ことです。フレーズ一致であれば除外登録したキーワードを含む場合（複合ワードも）はすべて除外されます。完全一致で除外した場合は、除外キーワードを含む無数の複合ワードもすべて登録しなければならず、現実的ではありません。

　部分一致の場合は、除外キーワードに意味あいが近いと判断した場合も除外してしまうケースがあり、機会損失が起きる可能性があります。

2 「ユーザーが広告主の公式サイトと勘違いする広告」の対応方法

タイトルや説明文、URLには公式サイトと誤認させるような表記はしないようにして広告原稿の作成を行いましょう。

> アフィリエイトを始めるなら - まずは**ASPへの登録が必須(無料)**
> 広告 www.affiliate-b.com/
> 高収入アフィリエイターから支持のある サポート充実のASP afb(アフィb)で！
> 振込手数料は無料！・登録サイト70万を突破！・初心者にもやさしい・高報酬パートナー多数...
> アフィリエイトとは？ - afbに無料登録 - afbの特長 - afbの特集一覧

- 広告主のURLと誤認させるものは入れない
- 「公式」や「本店」などという言葉は入れない
- 説明文の中に「アフィリエイト」または「提携」と入れる

✓ リスティング出稿違反のパトロールについて

アフィリエイトを行ううえでいろいろなルールはありますが、その中でも**広告主はリスティング違反に対してかなり厳しく対応しています**。定期的に出稿状況をチェックし、違反があればASPに報告をして提携解除や成果却下の対応を依頼します。土日祝日もチェックしている広告主もいますし、なかには代理店に出稿違反チェックを依頼することもあります。もちろん、ASP側でも実施しています。

また、検索結果をクローリング（プログラムがインターネット上のリンクをたどってWebサイトを巡回し、Webページ上の情報を複製・保存すること）して、違反出稿がないかチェックするツールも存在しています。つまり、**こっそり実施してもすぐにわかってしまう**のです。それくらいチェックが厳しい状況で、業界的にも違反はなくす努力をしています。提携解除や成果却下、ASP退会にならないためにも、ルールを守ってリスティング広告出稿を行いましょう。

> **Check!**
> 1. 主な禁止事項は2つ。またプロモーションは都度チェックしよう
> 2. 禁止事項を行うと辛い罰則が待っている
> 3. サイトパトロール（違反チェック）は頻繁に行われている

「モンスターアフィリエイター」にならないために

● 理不尽な要求をするアフィリエイターは担当者同士でシェアする?

　基本的に、ASP同士がクレーマーや理不尽なアフィリエイターを共有することはありません。しかし実はASP担当者同士は友達で、仲良くしている場合もあります。
　たとえばAというASP担当者に横柄な態度を取り、トラブルになったとします。その後BというASP担当者とやりとりをしても、実は情報が共有されており、「要注意人物」として取り扱われている場合もあるということです。

　ついしてしまいそうになりますが、次のポイントは注意してください。

- 広告主のことを無視して異様に高い特単をふっかける
  - ⇒ 広告主には「1件あたりこの予算で獲得したい」という目標値があるので、理不尽な特単を要求しない
- レスが遅いと文句を言う
  - ⇒ 担当者は1人で数十から数百人を対応しているので、レスが遅いのは当たり前と思う
- トラブルが起こったときに一方的に攻めない
  - ⇒ 広告主のタグ漏れ、ASP側のサーバーエラーなどが起こって正常にトラッキングできていなかった場合などのトラブルでも、一緒に解決していこうというスタンスは崩さない

● ASP担当者からの情報は「おいしい情報」と「助けて!」の2種類

　ASP担当者から「この商品のレビュー書きませんか?」という情報には、2種類あると個人的に思っています。

　1つ目は「この商品は確実に売れるから、今のうちにレビュー書いておいたほうがいいですよ!」というもの。
　2つ目は「この商品売れてないです! 取り組み数増やしたいのでレビューしてください」というものです。

　ASPから情報をもらったときは、後者の場合と感じても対応するようにしています。というのも、基本的にアフィリエイトという仕組みは「持ちつ持たれつ」の関係だからです。
　ASPからの「助けて!」に応えるからこそ、いざというときに協力的になってくれると思っています。

プロの技 38 ASPのツイッターやブログには有益な情報がたくさん

ASPが発信している情報は、アフィリエイトに活かせる有益なものが多いです。ASPに登録するとメールでの情報提供が届きますが、それ以外にもツイッターやフェイスブック、ブログなどでもためになる情報を発信しているASPがあるので、チェックしておきましょう。

Point
- 情報で差をつけよう
- ASPはいろいろな情報を発信している
- 迷惑メールフォルダに入らないようにする

新鮮な情報を手に入れる手段と情報内容

ここではASPがどんな情報提供手段を使っていて、どんな情報を提供しているかをお伝えしていきます。

大まかに次の3種類で、ASPは情報発信をしています。

メール 新着情報系

ASPから発信される情報で必ず送られてくるのが、メールによる情報です。これは最初にASPに登録するときに入力したメールアドレスに情報が届きます。主には「新着プロモーション」や「オススメプロモーション」が定期的に送られてきます。また不定期メールとして、「自己アフィリエイト」や「オススメジャンルの特集」、「セミナー情報」が送られてくるASPもあります。

メーラーによっては、ASPからのメールが迷惑メールフォルダに入ってしまう場合もあるため、迷惑メールフォルダ解除をしておきましょう。

ブログ ノウハウ系

ブログによる情報提供を行っているASPもあります。

主に「サイト作成をするときのポイントや便利機能」、「これから伸びるジャンル」などの情報が多いので、初心者～中級者のアフィリエイターは特にチェックしておきましょう。

SNS 新着情報、ちょっとしたイベント系

そのほかには、ツイッターやフェイスブックでの情報提供もあります。ツイッ

ターやフェイスブックでは、上述した情報内容を拡散するために使われることが多いです。たまにASPの社員や社内風景が見られることもあります。

✅ ASPからの情報を集めるメリット

では上述した情報内容には、具体的にどんなメリットがあるのでしょうか。

ASPが発信している主な情報は、期間限定であったり時期的な状況に左右されたりと**鮮度が重要な情報が多い**ので、メインASPのメールのチェックはもちろん、ブログ、ツイッター、フェイスブックなどをチェックするようにしましょう。

1 新着プロモーション

新たに開始したプロモーションのことです。**ライバルが少ないプロモーションのため、早く取り組むと先行者メリットがあります。**

具体的には プロの技14 で紹介したような、商品名やサービス名で攻めるサイトや、まだライバルが参入していない新ジャンルであれば、早く取り組むメリットは大きいです。

2 オススメプロモーション

報酬アップしているプロモーションや成果地点がよくなったプロモーション、商品価格が下がって購入されやすくなったプロモーション、時期的に取り組むべきプロモーションなどの、オススメプロモーションのことです。

報酬アップや成果地点がよくなることは期間限定で行われることも多いため、素早く取り組みましょう。

3 自己アフィリエイト

自己アフィリエイトとは、**アフィリエイター自身で商品購入やサービス利用し報酬を得ること**です。期間限定で報酬アップが行われることが多く、ACCESS TRADE、afb（アフィb）、A8.net、JANet 、ValueCommerceが自己アフィリエイトサービスを持っています。

4 オススメジャンルの特集・これから伸びるジャンル

いくつか似たプロモーションを集めた特集で、これから伸びると予測されるジャンルの特集や時期にあわせた特集など、先に知っておきたい情報です。

- A8.net の特集：http://www.a8.net/camp.html
- afb（アフィb）の特集：http://www.affiliate-b.com/web/feature/

5 セミナー情報

広告主が登壇するセミナーや初心者に向けた収益アップセミナーなど多岐にわたります。定員がかぎられているセミナーがほとんどです。「参加したかったのに……」と後悔しないよう、事前に情報はチェックしましょう。**ASP担当者や広告主担当者と交流できるのもポイント**です。

6 サイト作成をするときのポイントや便利機能

サイト作成やコンテンツ作成するうえで、知っておくと便利なことが書かれています。たとえば、商品レビューをするときのポイントや簡単にグラフを作成しサイトに載せられるエクセルの技術など、知っておくとライバルに差がつけられるプチ情報です。

✓ 各ASPの情報提供手段と内容

各主要ASPがどのような情報提供の手段を持っているか表にまとめました。一度はチェックしてみましょう。

ASP	メール		ブログ	ツイッター	フェイスブック
	定期	不定期			
ACCESS TRADE	○	○	×	△（非公式）	○
afb（アフィb）	○	○	○	○	○
A8.net	○	○	○	○	○
JANet	○	△	×	×	×
Rentracks	○	○	×	△（更新回数が少ない）	△（更新回数が少ない）
ValueCommerce	○	△	×	○	○

1 ACCESS TRADE

メール 新着プロモーション情報は、新着プロモーションがあったときに配信しています（月、火、木曜日に多い）。不定期ではありますが、特集がはじまったときにもメールが送られてきます。

SNS 特集やSEO情報、人気プロモーションについての情報が発信されています。

2 afb（アフィb）

メール 平日は毎日メールが配信されています。内容は新着プロモーション情報、オススメプロモーション情報、特集情報、自己アフィリエイト情報が中心です。また毎月1回、確定報酬を知らせるhtmlメールも送られてきます。それ以外にも、毎週土曜日には自己アフィリエイトに特化したメールが送られてきます。特集がはじまったときやセミナー情報も不定期に配信されます。

ブログ 商品レビューを上手にする方法やエクセルで図を上手につくる方法、ジャンルに取り組む際のポイントなど、サイト作成を行ううえで役に立つ情報がたくさん掲載されています。旬な特集の情報も知ることができます。また、成果を上げるためのテクニック講座や先輩アフィリエイターのインタビューなどがあります。

- http://afblog.for-it.co.jp/

SNS 主に公式ブログの情報が拡散されています。

3 A8.net

メール 新着プロモーション情報は、新着プロモーションがあったときに配信しています。毎週水曜と土曜日には自己アフィリエイト専用のメールが送られてきます。そのほかには特集に関するメールが不定期に送られてきます。

ブログ A8.netとしてのブログと 運営会社である株式会社ファンコミュニケーションズとしてのブログがあります。前者のほうでは、特集やセミナー、テクニック情報があります。またセルフバックで報酬アップしている情報もあります。

- https://www.a8.net/blog/

SNS 特集やイベント情報などが中心です。

4 JANet
メール 新着プロモーション情報、もしくはオススメプロモーション情報がほぼ毎日配信されています。それ以外の情報はあまり配信されていません。

5 Rentracks
メール 毎日メールが送られてきます。内容は新着プロモーション情報や報酬アッププロモーションの内容が多いです。

SNS 2018年から運営されています。更新頻度はあまり多くありません。

6 ValueCommerce
メール 毎週火曜日に新着プロモーション情報が送られてきます。また毎週木曜日には自己アフィリエイトに特化したメールが送られてきます。それ以外にも隔週水曜日に特集情報やオススメプロモーション情報が送られてきます。

SNS 特集やイベント情報などが中心です。

　情報発信の観点からは、ACCESS TRADE、afb（アフィb）、A8.netがお勧めです。早く情報を手に入れ、そこで得た情報をいかに早く実行できるかが重要なので、情報発信が多い上記3つのASPに登録しておくといいでしょう。

　情報は見て終わりではありません。スマートフォンなどで情報収集し、すぐに作業できない場合は取得した情報から実行する作業をタスク化するなど、あとですぐに行動できるようにしておきましょう。

Check!

1 ASPが発信している情報はアフィリエイトに役立つ情報が多い
2 鮮度が重要な情報が多いので、メールのチェックはもちろん、ブログ、ツイッター、フェイスブックをチェックするようにしよう
3 ACCESS TRADE、afb（アフィb）、A8.netには有益な情報がたくさん

プロの技 39 セミナーに参加して稼ぎ方を学ぼう

セミナーや懇親会に参加することで、実際に収益をあげているアフィリエイターから稼げる情報やノウハウが学べたり、アフィリエイト仲間ができることもあります。積極的に参加してアフィリエイト活動に活かしましょう。

Point
- セミナーでは有益な情報や体験がある
- アフィリエイト仲間をつくろう
- セミナーを受けて行動することが大切

✓ セミナーに積極的に参加するメリットとセミナー内容

アフィリエイトに関するセミナーは数多く存在しています。ASPが主催するセミナー、広告主が主催するセミナー、アフィリエイト塾が主催するセミナーなど多岐に渡ります。そんなセミナーに、わざわざ外に足を運んで参加するメリットは以下のとおりです。

- アフィリエイトで稼ぐノウハウが得られる
- ASP担当者や広告主に直接質問ができ普段聞けない質問ができる
- ウェブに落ちていない情報がゲットでき、報酬アップのヒントになる
- アフィリエイター同士のつながりができ情報交換ができる

皆さんがアフィリエイトを実施する目的は、大なり小なり少なくともお金を稼ぎたいということで間違いないでしょう。**その目的を達成するためのヒントがセミナーでは得られる**のです。洋服を買う場合も、インターネットや雑誌で見ているだけではサイズ感や似あっているかわからないので、実際に店舗へ出向いて店員の話を聞いたり試着したりするほうがしっくりくるのと同じです。

具体的にどんなセミナーがあるのか見ていきましょう。

1 アフィリエイトをはじめたばかりの初心者セミナー

対象者 ASPに登録したはいいが、まず何を行ったらいいのかわからず悩んでいる人

主催 ASPやアフィリエイト塾

学べること アフィリエイト用語やサイト制作の仕方、広告リンクの掲載の方法、記事の書き方など

2 報酬は月間数万円ある中級者セミナー

対象者 少し稼げてきたが、これから更にスケールさせたい人

主催 ASPやアフィリエイト塾

学べること 稼げるプロモーションの選び方、より高いサイト構成、読者に伝わる記事の書き方など

3 広告主が主体となって商品紹介を紹介するセミナー

対象者 そのプロモーションをすでに実施している人や、これからそのプロモーションのジャンルに参入しようとしている人

主催 ASPと広告主が共同

学べること 広告主担当者が登壇し、その広告主の商品やサービスについて深く掘り下げるセミナーなので、その商品やサービスについての知識が深まります。商品撮影も可能です。それにより、その商品についてオリジナリティあるコンテンツを作成でき、ライバルに差をつけながらユーザーに伝わるサイトになります。

4 より高いSEO手法やPPC手法などを学ぶ上級者向けセミナー

対象者 数十万以上稼いでいて、ビッグやミドルワードで検索結果1位を狙っていきたい人

主催 ASPやアフィリエイト塾

学べること 文字どおり、集客方法をより洗練していくセミナーです。有力アフィリエイターやその集客分野のプロが登壇します。

5 フェスティバルや見本市といった大規模な催し物

対象者 初心者から上級者まで

主催 ASP主催が多いですが、2015年にはアフィロックというアフィリエイター主催のイベントが開催されたこともありました。

学べること 広告主が多数参加しブースを構え商品（サービス）を紹介したり、いろいろなセミナーが開催されたりと、大人数が集まるイベントです。頻繁に行われるものではありません。

この本を読んでいる方の大半はアフィリエイトをはじめて間もないと思うので、まずは❶❷❸に参加してみましょう。それらのセミナーが積極的に行われているASPはA8.net、afb（アフィb）、AccessTradeです。

■A8.net

例：http://www.a8.net/campus/as/seminar_event/seminar/

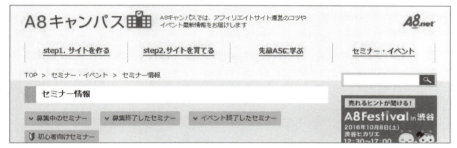

■afb（アフィb）

例：https://www.afi-b.com/general/service/seminar

■AccessTrade

https://member.accesstrade.net/atv3/info/seminar.html

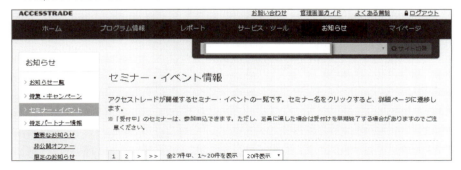

最初は誰しも不安ですし緊張もしますが、参加しているほかのアフィリエイターも同じ気持ちなので安心してください。また大体同じくらいの力のアフィリエイターが集まるので、セミナーやその後の懇親会で意気投合することもあります。私が知っているアフィリエイターで、セミナーで出会いそこから成長し一緒に会社を立ち上げた人もいます。そこで仲間意識が生まれたのです。

　上記で述べたような「稼ぐ方法を学びたい」という同じ目的を持つ同志が集まる場所へ一歩踏み出してみましょう。必ず何か得られるはずです。

セミナーに参加する前の準備

参加するセミナーが決まったら、事前に準備をしておきましょう。

- セミナーに目的を持って参加しよう

  何でもそうですが、目的を持って臨むことは大切です。参加するセミナーで、何を学んでそれをどう活かしたいのかを明確にしましょう。ノートやPCに保存しておくとブレないのでお勧めです。

  > 例　稼げるプロモーション選定のセミナーに参加して、稼げる理由やその商品（サービス）の特長を学び、最低1つは新規サイトを作成するなど

- 服装

  特に決まりはありませんが、だらしなくない私服の参加者が多いです。

- 持ち物

  筆記用具、ノート、パソコン、あるといいのは名刺、カメラ（商品撮影を行う場合）です。

- 広告主やほかのアフィリエイター、ASPとのコミュニケーションの仕方

  最初会場に到着したときは、誰が誰かわからないと思いますので、休憩時間やセミナー終了後、懇親会で積極的に話しかけてみましょう。

  ・広告主にはその商品（サービス）について質問をする
  ・ほかのアフィリエイターにはアフィリエイトをはじめてどれくらいか、どんなジャンルを取り組んでいるのかなど質問する
  ・ASPにはアフィリエイトの悩みや、ASPへの要望、これまで聞けなかった質問をする

　事前に質問内容をある程度決めておくとコミュニケーションもスムーズにいくでしょう。名刺があればそのタイミングで名刺交換をしましょう。

セミナー参加後に行うこと

　無事セミナーと懇親会が終了し自宅に帰宅しました。多くのことが学べ、いろいろな人と交流できたのではないでしょうか。
　ではさっそくその得たことを広げていきましょう。

1 参加後、交流した人と連絡をとってみよう

　もらった名刺の連絡先にメールを送ってみましょう。交換していればLINEやフェイスブックでももちろん構いません。特に内容に決まりはありません。その日に会えたお礼や話した内容で印象に残っていることなどを伝えてみましょう（広告主とはNGの場合があります）。

　今後、何かのタイミングでまた会ったときに話しやすくなったり、アフィリエイター同士一緒に勉強会やろうということになったりと、何かとスムーズに進みます。

2 セミナー（懇親会）参加中の目的は達成できたか

　参加する前の準備で、参加する目的を決めたと思います。それがどの程度達成できたか振り返ってみましょう。反省することがある場合はそれを次回に活かしてみましょう。

3 セミナーに参加して学んだことを実践しよう

　せっかく参加したのにアフィリエイト活動に活かさないともったいないです。
　上記で挙げた稼げるプロモーション選定のセミナーに参加した例の場合、当初の目的が「稼げる理由やその商品（サービス）の特長を学び、最低1つは新規サイトを作成する」ということであれば、新規サイトをまずは1つ作成していきましょう。

　得た情報や知識を行動に移しアフィリエイト活動を前進させることが重要です。もし疑問点があればASPに問い合わせることも全く問題ありません。

> **Check!**
> 1 セミナー（懇親会）で得ることは多いので積極的に参加しよう
> 2 参加前に必ず道具と気持ちの準備しよう
> 3 参加して終わりにならないように、参加後もアクションしよう

アフィリエイト塾やスクールについて

さまざまなアフィリエイト塾やスクールはありますが、「きちんとアフィリエイトで収益をあげている人自身が教えている」というのは少ないように思います。

私自身、「アフィリエイトを教える」ビジネスについて以下のように考えています。

- アフィリエイトで収益化できている人は、他人に教える必要性がない
- むしろ教えないほうがライバルが増えなくていい
- スクールや塾をやっているほとんどの人は、実際には収益があがっていない
- アフィリエイトで収益があがらないので、教えることで収益をあげたい
- リアルな話ができない
- 一発で収益化したいので高額塾などが増える

上記のような背景があるので、きちんと収益化できている人は表舞台に立たず、表舞台に立っている人は収益化できていないというパラドクスが起こっているのです。

●「教えること」で収益化していないスクールなどがお勧め

よって弊社が運営しているアフィリエイト会員サービス「ALISA」も会費自体で収益化するのではなく、別の構図で収益化しています。

さまざまなASP、WEBサービス事業者、サーバー会社、広告主などと提携し、収益化しているのです。ALISA会員が特定のASPを利用して収益をあげた場合にバックマージンをもらったり、ALISA会員が特定の商品をアフィリエイト経由で売ると弊社に手数料が入ったり、ALISA会員が中級者向けのサービスを利用すると手数料が入るような仕組みです。

つまりALISA会員が稼げば稼ぐほど、効率化しようとツールを使えば使うほど、それらの企業から手数料や紹介料という形で収益が発生します。

ALISA会員が収益化できるように、「しっかり教えること」「おいしい情報を渡すこと」が利益につながるので、前述したパラドクスは解消されるのです。

アフィリエイトジャンルには役に立たない情報商材や高額塾などが出回っていますが、そのようなものに騙されず情報収集してください。

ちなみに、他社になりますが「アフィリエイトフレンズ」「atus」なども教えることが収益ポイントではないコミュニティなのでお勧めです。

Chapter - 4

広告主の考えを知って
アフィリエイトに活かそう

アフィリエイトを行う上でアフィリエイターが行う事は、サイト作成をして集客することがメインではありますが、その際広告主のことも意識することが大切です。広告主の考えを知ればアフィリエイトが有利に進みます。

プロの技 40 承認スパンと承認作業が行われやすい日時

アフィリエイトでは、成果発生してもその成果が承認されなければ支払いはされません。承認作業が行われるタイミングは各広告主によって異なるので、どのようなケースがあるかを知り、プロモーション選定の参考にしましょう。

Point
- 成果承認スパンは広告主によって異なるので、プロモーションごとに確認する
- 月に1回、月末に行う広告主が多い
- 成果承認が万が一滞っているプロモーションはASPに伝えて広告主に連絡してもらう

✓ 成果承認が行われるタイミング

そもそも成果承認とは、**発生した成果を広告主側で却下条件に該当していない正しい成果かどうか判別し、問題なければ承認を行う**というものです。

その方法は、広告主側で管理している値（重複しない注文番号やユーザーIDなど）を、ASP管理画面で発生している成果と紐づけて行います。それにより、「この成果は○○ユーザーが□□の注文をした成果なんだな」と広告主側はわかるようになっています。

広告主側のデータベースでしっかり情報管理できていないと、作業は大変です。そのため短い間隔で成果承認作業を行っている広告主は少なく、**約7割の広告主は毎月1回（大体20日～月末）のスパン**で行っています。

その他のケース

- 2カ月に1回（大体20日～月末）
- 月2回（大体10日～15日と20日～月末）
- 2週間に1回
- 週1回
- 毎日

またASPによっては、発生した成果が決められた期間を過ぎると自動的に承認となるシステム（ここでは強制承認と呼びます）を持っているASPもあります。たとえばA8netは原則45日、afb（アフィb）では原則60日で強制承認となります。プロモーションによって設定有無が分かれ、アフィリエイター向け管

理画面で確認はできません。

できるだけリスクを減らすためにも、なるべく強制承認設定のあるASPを利用するようにしましょう。

✓ 承認スパンでみる案件の選び方

ではプロモーションの承認スパンは、どこに記載されているのでしょうか。

● A8net

広告主	
プログラム名	
対応デバイス	PC　スマートフォン
成果報酬	広告掲載2000円
提携審査	審査あり　再訪問期間　90日　**成果確定目安**　**約30日**
キーワード	スマートフォン ｜ 広告 ｜ 収入 ｜ アドネットワーク ｜ 簡単

A8netでは「**成果確定目安**」という書き方をしています。プロモーション検索結果画面とプロモーション詳細ページに表示されています。

● afb（アフィb）

【却下条件】不正、二重、不備申込、登録完了に至らなかった場合、いたずらユーザーへのポイント付与不可

成果承認頻度：月1回

相互アップ・ダウン等の表記禁止

【通常報酬】
パートナー登録完了648円（税込）

プロモーション検索結果後、各プロモーションの「プロモーション詳細を見る」というボタンを押した後に表示される文章の一部に「**成果承認頻度：○○**」と記載されています。

成果自動承認（成果発生と同時に成果承認される）のプロモーションであれば承認スパンは気にする必要はありませんが、成果自動承認のプロモーションは極めて少ないです。もし同じような商品で、かつ成果報酬などの条件も同じで掲載するプロモーションがあったら、**短い承認スパンのほうを選択しましょう。**

承認されない可能性があるケース

　却下条件（否認条件）に記載されている内容以外でも、却下になってしまう場合があります。それは広告主が倒産したり、業務停止命令などで資金繰りが悪くなって支払いできない状態になってしまった場合です。ごくまれなケースなのでそこまで神経質になる必要はありませんが、承認がちょくちょく滞る場合は別の広告主の広告を掲載したほうが賢明です。

　また、自分が掲載している広告主のニュースは日々チェックしておきましょう。ニュースをチェックする方法はこの時代には溢れていますが、特定のキーワードを設定しておくとそのキーワードのニュースが自動的に送られてくる**Googleアラート**が便利です。

> ● Googleアラート　https://www.google.co.jp/alerts

　また、アプリでは**ニュースパス**が使い勝手がいいです。これもGoogleアラート同様にキーワードを設定しておくと、そのキーワードにまつわるニュースを自動的に引っ張ってきてくれます。時間を自分で指定しておけば、スマートフォンにプッシュ通知で知らせてくれるので、見落とすこともないでしょう。

　1日中パソコンにへばりついてその特定の広告主の情報を探すことは効率的ではないので、このようなツールは積極的に使ってください。

Check!

1. 成果の承認スパンは広告主によって異なる
2. 成果の承認スパンは極力短いものを選ぼう
3. 掲載した広告主の情報をキャッチアップしよう

プロの技 41 承認率の高いプロモーションを見極めよう

承認率を知ることは、プロモーション選定においてとても重要です。せっかく成果が発生したのに、承認されなければ稼ぐことはできません。ここではそんな重要な指標のひとつである、承認率についてお話しします。

Point
- 承認率が高いとEPCも高くなる
- ASPランクを上げて承認率を常時見れるようにしよう
- 初心者は高承認率のプロモーションからはじめるといい

承認率の高いジャンル・低いジャンル

アフィリエイトを行うにあたって、何のジャンルに取り組むかというのは頭を悩ませる部分です。ジャンル選定にあたり、ユーザーニーズがあるのか、ライバルは多いのか、稼げるプロモーションはあるのかなど、調査すべきことはたくさんあります。

「稼げるプロモーションがあるかどうか」の判断基準として、**EPC(Earning Per Click)** という指標があります。1クリックあたりどれくらいの売上になるかというもので、**高ければ高いほど稼ぎやすい**ことを示しています。EPCは一般的には以下の計算式で表されます。

● EPC 計算式

EPC(円) = 成果報酬単価(円) × CVR(購入率)(%) × 承認率(%)

※CVR(購入率) = 購入数 ÷ クリック数
※ASPによっては承認率を含めずEPCを算出しているケースもあります

アフィリエイトでは成果報酬単価に目が行きがちですが、**EPCが高くなるためには承認率も重要**だということがわかります。

さて、ここからが本項目の本題です。承認率はプロモーションによってまちまちですが、ジャンルによって大枠の傾向はつかめます。最終的にはEPCで判断するので、一概に承認率が低いジャンルに取り組まないほうがいいというわけではありませんが、やはり承認率は重要な指標になります。新たに新規ジャンルに参入するときには、参考にしてみてください。

ジャンル	承認率
マタニティー・ベビー	90%以上
映画・音楽・動画	90%以上
株式・証券	80%以上90%未満
動物・ペット	80%以上90%未満
ホテル	80%以上90%未満
家具・インテリア	80%以上90%未満
レディースファッション	80%以上90%未満
メンズファッション	80%以上90%未満
お茶	80%以上90%未満
ショッピングモール	80%以上90%未満
酢・黒酢	80%以上90%未満
消臭	80%以上90%未満
塾・家庭教師	80%以上90%未満
ボディケア	80%以上90%未満
その他健康食品	80%以上90%未満
本・雑誌	80%以上90%未満
ウェディング	80%以上90%未満
資格・通信講座	80%以上90%未満
雑貨・家庭用品	80%以上90%未満
プラセンタ	70%以上80%未満
にんにく	70%以上80%未満
青汁	70%以上80%未満
精力剤・精力サプリ	70%以上80%未満
コラーゲン・ヒアルロン酸	70%以上80%未満
学習教材	70%以上80%未満
語学・留学	70%以上80%未満
食品・産直品	70%以上80%未満
酵素	70%以上80%未満
スキンケア	70%以上80%未満
趣味・スポーツ	70%以上80%未満
グルコサミン	70%以上80%未満
ヘアケア	70%以上80%未満
乳酸菌(便秘関連)	70%以上80%未満
レンタルサーバ	70%以上80%未満
生命保険	70%以上80%未満
洗顔・クレンジング	70%以上80%未満
賃貸	70%以上80%未満
食材宅配	70%以上80%未満
ローン(キャッシング以外)	70%以上80%未満
その他飲料	70%以上80%未満
ペット保険	70%以上80%未満

ジャンル	承認率
ダイエット食品	70%以上80%未満
高速バス	70%以上80%未満
車検・車買取査定・購入	70%以上80%未満
ポイントサイト	70%以上80%未満
レンタカー	70%以上80%未満
先物取引・投資	70%以上80%未満
ショッピングカート	70%以上80%未満
コンタクトレンズ	60%以上70%未満
キャッシング	60%以上70%未満
結婚相談・婚活	60%以上70%未満
出会い	60%以上70%未満
旅行	60%以上70%未満
医療	60%以上70%未満
メイク	60%以上70%未満
その他	60%以上70%未満
眼鏡・時計・小物	60%以上70%未満
その他保険	60%以上70%未満
自動車保険	60%以上70%未満
ダイエットグッズ(衣料含む)	60%以上70%未満
ウォーターサーバー	60%以上70%未満
人材派遣	40%以上60%未満
AV・家電	40%以上60%未満
アルバイト・パート	40%以上60%未満
クレジットカード	40%以上60%未満
転職・人材紹介	40%以上60%未満
エステサロン	40%以上60%未満
分譲	40%以上60%未満
太陽光発電	40%以上60%未満
美容外科(メンズ)	40%以上60%未満
債務整理・司法書士・探偵	40%以上60%未満
プロバイダ	40%以上60%未満
外国為替(FX)	40%以上60%未満
美容外科(レディース)	40%以上60%未満
リフォーム	40%以上60%未満
保険相談	40%以上60%未満
レーシック	40%未満
免許	40%未満
スピリチュアル・占い	40%未満
専門・各種学校	40%未満
コミュニティサイト	40%未満

※数値は平均なので、すべてのプロモーションが表の通りの承認率になるとはかぎりません。
※2018年3月時点

左表を考察してみると、承認率が高いジャンルに関しては**リピートユーザーも承認対象であったり、成果地点が浅い（登録や資料請求などでも成立する）**傾向があります。**物販系のジャンル**が多いです。

逆に承認率が高くないジャンルに関しては、申込みや登録後に何らかのアクションが必要な深い成果地点（ユーザーが店舗に来店、有料会員に移行などしないと成果にならない）であるという傾向があります。

また承認率別にジャンルの数を調べると、承認率が70％以上80％未満に属するジャンルが最も多い結果となりました。その承認率があれば十分そのジャンルを攻める価値はあります。

アフィリエイトをはじめて間もないころであれば、発生した成果が承認されることでモチベーションアップになり、アフィリエイトを継続して取り組みやすくなります。**初心者は承認率が高いジャンル（プロモーション）から取り組んでみるといい**でしょう。

✅ 承認率を知る方法

ジャンルやプロモーション選定で、承認率がわかっていることほど安心なことはありません。ここでは、プロモーションを取り組む前に承認率を知る方法をお話しします。

❶ アフィリエイターランク（ステージ）を上げて承認率を知る

プロの技32 で、ASPのなかにはアフィリエイターのランク制度を設けているところがあるとお伝えしました。そのランク特典の1つに、承認率が見れるというものがあります。そこまでたどり着けば、プロモーション選定がグッと楽になります。

特典で承認率が見られるASPと、その条件は以下です（2018年3月時点）。

ASP	条件
afb（アフィb）	月の成果確定金額が3万円以上
A8.net	月の成果確定金額が10万円以上
AccessTrade	月の成果確定金額が50万円以上

承認率が見られる条件まで到達すれば、承認率によってプロモーション検索をかけることができるASPもあります。

承認率を開示しているASPでも、それを見ることができる条件は異なります。いろいろなASPに分散してプロモーションを取り組んでいると、承認率を見ることができる条件までたどり着くのに時間がかかります。

まずは1つのASPで集中して取り組みを行い、その条件まで到達することを目指しましょう。

❷ 担当者についてもらう

ASPの担当者がいると、承認率を気軽に聞くことができます。担当者がつく方法は プロの技07 でお話ししているので、そちらをご覧ください。

❸ セミナーや懇親会で聞いてみる

セミナーや懇親会に参加しているASP担当者や、そこで出会った仲のいいアフィリエイト仲間に聞いてみるのも一つの手です。セミナーや懇親会については プロの技39 で述べているので、そちらをご覧ください。

✓ 成果の意図的な却下

発生した成果が承認なのか却下なのかは、広告主側で行われます。通常は成果条件と却下条件に則って成果確定がされますが、以下の理由で意図的に却下にするケースがあります。

ケース1 成果確定期限が迫っているが、まだ白黒つけられない場合

　ほとんどのASPでは、成果確定に期限が設けられています。広告主に対して「成果発生した日から60日（ASPによって異なる）以内に成果確定を行ってください」というもので、その期限を過ぎると強制的に承認となります。しかし、広告主のビジネスモデルによっては、成果確定できるタイミングがそれに間にあわない場合もあります。

　たとえば、ユーザーが広告主の商品を購入したが、登録した住所が間違っていて商品が返送されるとします。このとき、広告主はユーザーに連絡を取って正しい住所を把握するのですが、ユーザーとなかなか連絡が取れないとなると、**成果確定期限に間にあわず一旦成果却下にすることがあります**。もちろん、その後正しく商品発送できれば成果は承認に変更になります。

　また、エステや美容外科など店舗に来店が必要なプロモーションの場合で、成果発生から60日以降に来店の予約があるときには、**成果確定期限が近づくと一旦成果却下にし、正しく来店されたことが確認できてから承認に変更する**ということも例としてあります。

ケース2 不正アフィリエイターだった場合

　過去に不正など何らかの理由で、そのアフィリエイター自体との取り組みを拒否されたが、別のASPではすでに提携されてしまっており、成果が発生した場合は仮に成果条件を満たしていたとしても成果却下になることがあります。

　もし、著しく承認率に低下が見られる場合は、実施しているASPに問い合わせをしてみましょう。初心者アフィリエイターが思っているような、「広告主はズルをして成果をキャンセルしている」ということはありません。ASP側も成果が確定されないと収益にならないので、ASPに問い合わせるときちんと対応してくれます。

Check!
1. ジャンル毎の承認率の傾向をつかもう
2. 承認率を知るためのアクションを起こそう
3. 著しく承認率に低下が見られる場合は問い合わせをしよう

プロの技 42 広告主が求めるアフィリエイター

広告主の視点でアフィリエイトに取り組むことが大切ということを プロの技31 で述べました。その中でも、ここでは集客やコンテンツ特化し、広告主に好かれるようにするにはどうすればいいかをお伝えしていきます。

Point
- 広告主の商品やサービスに詳しくなろう
- 広告主はどこでマネタイズしているか理解しよう
- 質の高いユーザーを送客しよう

商品を好きになって特長を理解しよう

「これから広告掲載しようとしている商品のことを、あなたはどれくらい知っていますか？」もしこう質問されたら、多くの人は「あまり詳しくは知らない」と答えるのではないでしょうか。

ほとんどのアフィリエイターは、ライバルの少なさや稼ぎやすさ、成果報酬などの条件でプロモーションを決定することが多く、「商品が好きだから、よく知っているから」という理由で選ぶことは少ないです。しかし**広告主は、自社商品を好きで一緒に伸ばしていきたいと思ってくれているアフィリエイターを求めています**。

● 商品を好きになってアフィリエイトした場合のメリット

- 質の高いユーザーを送客できるようになり広告主から評価が上がる
- 商品に詳しくなることによってライバルより濃いコンテンツになり、SEO的に上位表示されやすくなる
- 購入率が高まる
- 広告主への取材がしやすくなったり、セミナーなどで覚えてもらいやすくなる

こんなメリットもあるので、広告掲載する商品をまずは好きになってほしいと思います。そのために、商品の特長を理解する手助けとして次のポイントをまとめました。参考にしてみてください。

●物販系の場合

- ●ターゲット
- ●商品の歴史
- ●第三者機関からの評価
- ●成分
- ●使用用途や効果
- ●繁忙期や閑散期
- ●何を一番訴求しているか(競合との差別化ポイント)
- ●第三者の利用実績や声
- ●安全性
- ●色、味、匂い
- ●商品価格(定期購入や単品購入、トライアルセットなどすべて)
- ●1mlや1gあたりに換算した価格
- ●1日あたりに換算した使用量
- ●パッケージ
- ●オファー内容(特典)
- ●配送方法や梱包状態
- ●定期購入の場合の縛り
- ●決済方法
- ●同梱物
- ●アフターサポート

●サービス系の場合(エステサロン、キャッシング、査定など)

- ●ビジネスモデル
- ●繁忙期や閑散期
- ●何を一番訴求しているか(競合との差別化ポイント)
- ●第三者機関からの評価
- ●店舗数やその地域
- ●サービス価格
- ●利用制限や条件
- ●わかりやすく簡単に利用できるか
- ●ターゲット
- ●サービスの歴史
- ●第三者の利用実績や声
- ●サービスを提供するスタッフの対応
- ●手数料
- ●特典
- ●利用できるようになるまでの早さ
- ●アフターサポート

✅ 広告主にできない仕事を担っているのがアフィリエイター

広告主は、第三者視点で自社の商品やサービスを紹介することができません。 検索エンジンでの集客キーワードであげるならば、「口コミ」「比較」「評判」「ランキング」などです。

　たとえば、広告主が自社サイトを「○○＋評判」のキーワードでSEO対策して上位表示させ、自社の商品のことを良く書いたとしても、自作自演でユーザーからの信頼を失います。このように、**広告主側にはできない紹介の仕方を行ってくれるアフィリエイターを、広告主は求めています**。

　そこで行うのが、何度かお伝えしている**「商品レビュー」や「サービス体験コ**

ンテンツ」です。その際、「商品（サービス）をきちんと理解して、いい風に紹介してほしい！」というのが広告主の本音です。もし商品（サービス）が気に入らなかった場合は正直にサイトに載せて構いませんが、どこかしら良かった部分もあったはずです。それも載せるようにしましょう。

　最終的には、**ユーザーに第三者視点で紹介し、購入や申込みの後押しになることが大事**です。そもそも良かったと感じる部分が何もなかった場合は、広告を掲載すること自体止めましょう。

 ## 質の良いユーザーを送客するには

第1ステップ　どのようにマネタイズしているか理解する

　ユーザーの質を上げるためには、広告主のビジネスモデルを理解し、どのようにマネタイズしているのかを把握することが重要です。

　たとえば物販の単品通販系は、高額な成果報酬をアフィリエイターに支払っても、**顧客が何度も購入してくれることにより収益化**ができます。FXの場合は口座開設後の取引によって、脱毛エステは**初回お試し価格のあとの本契約プラン**によって収益化しています。

　ビジネスモデルは、世の中に多数存在しています。普段利用するサービスを何気なく使うのではなく、「これはどんな風に儲けが出ているんだろう？」「原価はいくらで利益はどれくらいだろう？」などと疑問を持って利用するとそのサービス（ジャンル）を深く知ることができますし、ビジネスセンス自体も養われます。

　「そうはいっても、企業がどうやって儲けているかなんてすべてを理解するのは不可能だ」と思った人もいるのではないでしょうか。そんなあなたに、簡易的ではありますがジャンル別マネタイズ表を載せておきます。

アフィリエイトの広告主は大体、以下のマネタイズに当てはまります。

	課金型	販売型	手数料型
収入源	利用料	販売代金	手数料、利用料
支払い者	利用者	購入者	利用者、登録者
KPI	課金数、課金単価、継続率など	購入数、購入単価、リピート率など	利用者数や成約数、マージン率、成約単価、リピート率
該当ジャンル	VOD、レンタルファッションなど定額サービス、アプリなど	健康食品、化粧品、エステサロン、美容整形、保険	カードローン、FX、一括査定系、転職

このように、**どういう風に広告主が収益化しているかを理解し、そこに到達するユーザーを送客できるように努める**ことが重要です。

第2ステップ 検索エンジンから集客する

いろいろな集客方法の中でも質が良いユーザーを集めやすいのが、**検索エンジン**です。検索ではユーザーのニーズが顕在化しているため、本気度の高いユーザーを集められる傾向にあります。

そこで重要になってくるのが**キーワードの選定**と**サイトコンテンツ**です。集客方法やコンテンツについては、第2章で述べているので復習しましょう。

プロモーションによっては、質の良いユーザーを送客できるアフィリエイトサイトには高い特別報酬を出している場合もあります。

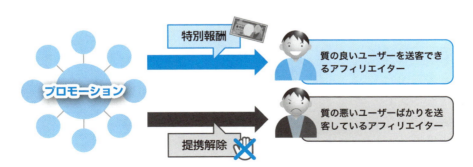

逆に、質の悪いユーザーばかりを送客しているアフィリエイトサイトは、コストばかりかかってしまい利益につながらないので、提携解除になってしまう場合もあります。

　広告主がどのようにマネタイズしているかを理解し、検索エンジンから質の良いユーザーを送客できるように努めましょう。

　なお、**ユーザーの情報は広告主側でしか確認できません**。自身で送客しているユーザーの質を確認したい場合は、ASPを介して広告主に聞いてもらいましょう。その際、その質が良いのか悪いのか、広告主のおおよその基準も聞くようにすると、目指すべき質の基準が把握できるのでいいでしょう。

　また、その基準を上回ることができれば特別報酬がもらいやすくなるという判断もできます。

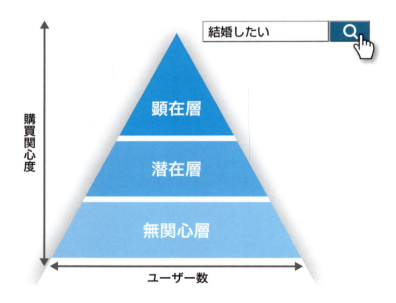

> **Check!**
> 1. 広告主の商品やサービスを好きになって特長を理解しよう
> 2. 広告主にはできない第三者視点のサイトつくりがお勧め
> 3. ビジネスモデルとマネタイズを把握し検索エンジンからの集客を心がけよう

プロの技 43 商品やサービスの販売ページをチェックする癖をつけよう

いくらたくさんのユーザーを広告主の販売ページに誘導しても、そのサイトが「買いたいサイト」「つい申込みたくなるサイト」になっていないと、アフィリエイター側も収益はあがりません。きちんとした販売ページになっているのかチェックしましょう。

Point
- 広告主のページはCVRに大きく影響する
- ユーザー目線で広告主サイトを見てみよう
- 自分のページの親和性があるかを確認しよう

販売ページをチェックする理由とチェック項目

理由① 販売ページはLPか

そもそもLPとは「Landing Page(ランディングページ)」の略で、直訳すると「着地ページ」という意味です。**ユーザーがさまざまな広告をクリックし「最終的にたどり着いて商品を買うページ」**と理解するといいでしょう。

LPといえば普通のホームページのような体裁ではなく、縦長の1ページのサイトを想像すると理解しやすいと思います。そのLPの目的は、訪れたユーザーにしっかり情報提供し、そこで購入や申込みなど（CV＝コンバージョン）に至らせることが目的です。

アフィリエイトリンクをクリックしたユーザーはすでに商品に何らかの興味持っているため、**その商品の特長やユーザーメリットがしっかり書かれているページのほうが購入に至る可能性が高い**です。

そのため、プロモーションの販売ページがLPになっているか(美容整形のように複数コースがある場合や、ファッション系など複数の商品が並ぶ場合は例外)をチェックしましょう。

● LPの例

理由②　ユーザーのことを考えてつくられているか

　仮にLPが設定されている場合でも、そのLPがユーザーにとってちゃんと興味を引くものになっているか、信頼感・納得感はあるかなど、**LPの良し悪しで購入率に大きく影響が出てきます**。詳細は次頁でお話します。

理由③　リンク先は適切か

　プロモーションによっては、リンク先(LP)が1つだけではない場合もあります。アフィリエイターが広告掲載しやすいように、異なる訴求や異なるデザインのリンク先を用意してくれていることがあります。とりあえず1つだけリンク先を確認し、そのリンク先で広告掲載する人が多いかと思いますが、**もっと自分のサイトにマッチしたリンク先があるかもしれない**ので、くまなくチェックするようにしましょう。

　なおafb（アフィb）では、複数のリンク先が設定されているかどうかがひと目でわかる機能があります。

● afb（アフィb）パートナー管理画面

1つのプロモーションでも
複数のリンク先が用意されている

理由④ 自分のサイトコンテンツとマッチしているか

　アフィリエイトサイトと広告リンク先の親和性は重要です。自分のサイトで訴求している内容がリンク先ページとずれていると、ユーザーは望んでいた情報が得られないため納得できず、なかなか購入してくれないでしょう。

　脱毛サイトで例を挙げると、アフィリエイトサイトでは脇の脱毛について書かれているのに、リンク先ページでは脚の脱毛のについて書かれているというような状況です。同じ脱毛でも、目的が異なるので申込みされにくくなります。

理由⑤ 情報が古くなっていないか

　商品名、価格、オファー内容、強みなど、ずっと同じ情報とはかぎりません。キャンペーンで商品価格が安くなっていたり、新たな成分が加わりこれまでなかった訴求ができるようになっていたりと、情報は変化します。自分のサイトに誤った情報が載ってしまっていると、ユーザーが困惑して購入してくれないかもしれません。

　アフィリエイト歴が長くなってきて、複数サイトを運営するようになると、掲載しているすべてのプロモーションを定期的にチェックすることは難しくなるので、**メインのサイトに載せているプロモーションだけでも月に最低1回はチェックする癖をつけましょう**。

✅ LPのチェックポイント

　では、次にLPをチェックする際のポイントを押さえましょう。以下に該当する項目が多ければ、アフィリエイターにとって成果を出しやすいLPであるといえます。

◆ユーザー目線でチェックするポイント

☑ スマートフォン最適化されているか

　2016年に総務省から発表されたデータで、スマートフォンの世帯普及率は72%（2015年時点）と、既にインターネットの主役となりました。ユーザーがスマートフォンで手軽にインターネットに接続できる環境があることから、広告主はスマートフォン最適化されたページを用意することはもはや当たり前となっています。ただ、一部業種によってはスマートフォン最適化が遅れているケースもあるので、気をつけましょう。

●afb（アフィb）プロモーション検索結果画面

Click報酬(/1Click)	定額報酬(/1件)	定率報酬(/1件)
-	648円（税込）	-

☑ストーリー性があって読みやすいか

　ごちゃごちゃして目の置き所がないようなLPは、ユーザーにストレスを与えます。上から順番に自然に見れるようなストーリーがあるとなおいいでしょう。

　難しいことを知らなくても、**ユーザーの立場に立ってLPを見ていき、ストレスを感じることなく申込みボタンまで到達したかどうかをチェックする**だけでも十分です。

☑訴求したいポイント（強み）が明確か・数字の訴求があるか

　その商品の強みがしっかりとわかりやすく書かれているかというのが重要で、いろいろなコンテンツに埋もれず、色やデザインによって誰が見ても目に留まる状態になっていることが望ましいです。また、そこに数字が入っていると更に説得力が増します。

☑書かれている内容に納得感があるか

　たとえば、とある健康食品で「成分は安全です」とうたわれていたとしても、そこに安全だという理由や裏づけがなければ、ユーザーは「本当に安全なの？」と疑問を持ってしまい、スムーズに購入まで移れないでしょう。

　逆に以下のように、**「なぜ安全なの？」という疑問を解決してあげられる理由を盛り込むことでユーザーには納得感が生まれます**。

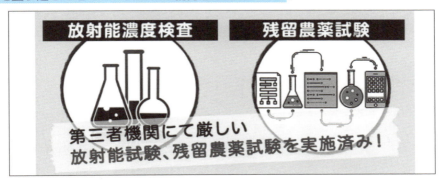

☑メディア掲載実績

　雑誌や新聞などのメディア掲載実績があると、「人気があるんだ！」とか「〇〇に載っていたから信頼できる」などの印象をユーザーに与えることができます。

☑著名人を起用しているか

　芸能人や専門家などがLPに載っていると、「〇〇も使っているんだ！」とか「〇〇が紹介しているから安心」などの印象をユーザーに与えることができます。

☑VOC（利用者の声）が信頼できそうか、ヤラセっぽくないか

　調査会社Dimensional Researchによると、**購入意思決定を行う際に約88％がユーザーレビューの影響を受けている**そうです。VOCが信頼できるものであると安心につながるので、**利用者の顔が出ているものや実際の手紙をそのままLPに載せたもの**があるといいでしょう。

☑客観的な評価があるか

　「モンドセレクション受賞」や「アットコスメ〇〇部門〇位」、「取扱高〇位（△△△調べ）」などのことです。**広告主ではない第三者での実績はユーザーへの信頼につながります**。

☑ 適切な位置にわかりやすい申込みボタンがあるか

　LPは縦長のものがほとんどです。そのため、LPの一番下にしか申込みボタンがない場合はユーザーにストレスを与えてしまいます。また、LPの途中で「購入したい」と思ったユーザーを逃すことにもなりかねません。LPの途中の適切な位置に申込みボタンが置いてあるかもチェックしましょう。

　通常置く位置は、**ファーストビュー、コンテンツが一区切りつくところ（数カ所）、最後のクロージング**が適切とされています。また、申込みボタンであるとわかる色や大きさでデザインし、見つけられやすいようにされているかも重要です。

◆アフィリエイター目線でチェックするポイント

☑ 電話番号が目立ちすぎていないか

　LP上で電話番号が目立っていると、ボタンではなく電話で申込むユーザーが増えるかもしれません。通常、電話での注文はアフィリエイターの成果にはならないので、電話番号が目立たないページのほうがいいでしょう（電話成果対象のプロモーションは除く）。

☑ 無駄なリンク先がないか

　LPに申込み以外のいろいろなボタンがあると、せっかくLPに到達したユーザーがそのリンク先から離脱してしまう可能性があります。**LPの目的は購入させること**なので、しっかりと申込みまで誘導できているか確認しましょう。

✅ 購入手続きの箇所もしっかりとチェックする

　ここまでプロモーションのリンク先ページについて見てきましたが、アフィリエイターの売上に関わるのはそこだけではありません。リンク先ページにある**申込みボタンを押してからサンクスページ（CV完了するページ）に至るまで**も、CVRに影響してきます。主なチェックポイントは以下です。

☑ 会員登録をしなくても申込みできるか

　ECで多いのが、会員登録をしたあとに商品を購入できるようになるというものです。会員登録の際に一度メールアドレスにメールが届いて、そのメール内のURLをクリックして本登録完了後、商品を購入できるようになるというパターンが多く、とにかくユーザーにとってはストレスになることが多いです。

☑ ページが切り替わる回数が少ないか

　ページが何回も切り替わるとわずらわしいうえ、スマートフォンで入力していて万が一移動中に通信できない環境に入ってしまった場合は購入できなくなるので、切り替わる回数は少ないほうがいいです。

　また切り替わるごとの通信時間もストレスの原因になります。

☑ 入力フォームはストレスを与えないか

　入力フォームの入力はめんどうくさいものです。せっかく入力したのに入力不備でまた入力し直し、なんてことになったら、ユーザーは「めんどくさいからやっぱ申込まなくてもいいや」と申込みを諦めてしまうこともあります。

　そうならないためにも、一回目の入力でスムーズに入力を完了させサンクスページまで到達させる必要があります。

●ユーザーにとってストレスの少ない入力フォームの例

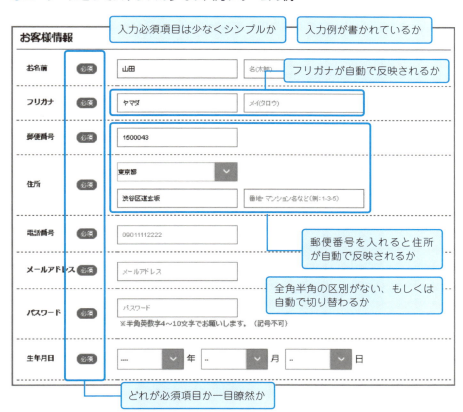

☑ 決済方法が複数あるか

クレジットカード、代金引換、振込など多彩な決済方法があると、ユーザーも自分にあった利用しやすいものを選べて便利です。

クレジットカードであれば即決済なので、未入金という理由で発生した成果が非承認になることはありませんが、代金引換や振込だとユーザーが支払いをしない場合は承認されません。そのため、決済方法にクレジットカードはマストと考えてプロモーション選択したほうがいいでしょう。

☑ ページの表示速度は速いか

ページ表示速度が遅くてイライラしてしまった経験はないでしょうか？

Googleが公表したデータによると、**スマートフォンページが完全に表示されるまでに3秒以上かかると53%のユーザーはページを離れる**という結果が出ています。

スマートフォン最適化されているかのチェックと同時にページ表示速度が速いかもあわせてチェックするようにしましょう。チェック方法は、Google PageSpeed Insightsを利用するといいでしょう。

● Google PageSpeed Insights

> https://developers.google.com/speed/pagespeed/insights/?hl=ja

Googleが提供する無料ツールで、URLを入力するだけでスマートフォンとPCのそれぞれのページパフォーマンスを測定してくれます。100点満点で採点され、85点あれば良好といえるでしょう。

販売ページ(LP)からフォーム入力まで、チェックするポイントを見てきました。プロモーションによって形式は異なるので、まずは自分で販売ページからサンクスページに至るまでを試してみて、ユーザーの気持ちになって使いやすいかそうでないかを判断してみることをお勧めします。

> **Check!**
> 1 販売ページがどうなっているか必ずチェックしよう
> 2 LPが購入を目的としてつくられているかチェックしよう
> 3 フォーム入力はストレスがないかチェックしよう

プロの技 44 成果報酬ではなく固定報酬をもらおう

アフィリエイトは成果報酬が基本ですが、固定の金額で報酬をもらえることを知っていましたか？ ここでは、固定報酬とはという部分から、固定報酬のもらい方をお伝えしていきます。

Point
- 固定費報酬は売上が安定する
- メリット・デメリットを理解しよう
- 固定費報酬の種類を知ろう

固定報酬のメリットとデメリット

成果報酬は、自分のサイトに掲載したアフィリエイト広告をユーザーがクリックし、その後広告主のサイトで購入（申込み）などを行った場合に成果が発生します。そしてその成果が適切な成果であったかを「成果地点」や「却下条件」を基に判断され、適切であると判断されれば承認に至り報酬をゲットすることができます。

一方**固定報酬**とは、成果発生の有無に関わらず、決まった金額が固定でもらえる報酬のことを指します。サラリーマンの給与体系にたとえるなら、成果報酬が「歩合給制」で、固定報酬が「固定給制」ということになります。

「歩合給制」「固定給制」それぞれにメリットとデメリットがあるように、固定報酬にもメリットとデメリットがあります。

◆ 固定報酬のメリット

◎ 成果発生や承認率、承認サイクルに影響されず安定して報酬がもらえる

成果報酬の場合は成果が発生しなければ報酬はゼロですし、承認されない場合も報酬はゼロです。それに対して固定報酬は、決まった金額が広告掲載期間終了までにもらえるというメリットがあります。

◎ 広告の掲載位置を頻繁に変えなくてもいい

成果報酬は成果が発生しないと報酬にならないため、最適な広告を選択し掲載していくということを繰り返していく必要があります。しかし、固定報酬の場合は決まった金額が入ってくるのでその手間が省けます。

◆ 固定報酬のデメリット

⚠ **全く件数が取れず広告主からクレームが起こる場合も**

　広告主が固定報酬を払う理由は、アフィリエイトサイトの広告枠を押さえて安定的に購入数を獲得したいということが主です。そのため、固定報酬を支払ったのに購入数が期待したほどなかったということになれば、広告主からクレームが出ることもあります。

　ASPを介してやりとりを行うので直接アフィリエイターにクレームがいくことはありませんが、何らかの補填案（追加で広告掲載枠を増やす、無償で同期間広告掲載するなど）が必要になることが多いです。

⚠ **成果報酬のほうが儲かる場合も**

　完全固定報酬の場合（固定報酬の種類は後述）、成果がたくさん発生して承認率も高かった場合、固定報酬よりも成果報酬のほうが結果的によかったということも起こり得ます。

⚠ **決められた期間は掲載位置を変更することはできない**

　固定報酬の場合は、広告枠（位置）を売るという形です。そのため自由に掲載位置を変更することはできず、決められた期間は掲載し続けなければなりません。もし掲載（契約）期間中にほかにいい条件のプロモーションが見つかったとしても、その期間は変更することはできません。

✅ 固定報酬の種類

固定報酬のなかにも、いくつか種類があります。

❶ 完全固定報酬（以下、純広告）

　成果報酬は一切なしの、**固定報酬のみの契約**です。アフィリエイターが成果報酬で広告を掲載した際にもらえるであろう金額をベースとして、固定報酬が決まります。その金額をもらえることが確定しているので、安心感があります。

> 実施例：FXジャンル
> 期間：3カ月（契約満期後継続するかどうか都度広告主が確認）
> 金額：90万円
> 掲載の仕方：全ページ共通のバナー枠2箇所

❷ **セミアフィリエイト**

成果報酬＋固定報酬のことです。固定報酬額は❶よりは安くなりますが、その分成果報酬がもらえるので、もし成果がたくさん発生した場合はセミアフィリエイトのほうがお得です。

> 実施例：ホワイトニングジャンル
> 期間：1カ月（その後は互いに申し入れがない場合は自動継続）
> 金額：固定報酬2万円＋成果報酬19.5％（定率）
> 掲載の仕方：検索順位が高い特定のページにお勧め商品として掲載

❸ **件数テーブル制の固定報酬**

発生成果数に応じた固定報酬の額をあらかじめ決めておき、その件数に到達したら決められた固定報酬が成果報酬に加えてもらえるというものです。発生成果ではなく承認成果数に応じて行われる場合もあります。

> 実施例：酵素ドリンクジャンル
> 期間：1カ月（その後は互いに申し入れがない場合は自動継続）
> 金額：成果発生数100件で10万円
> 掲載の仕方：ピックアップ（お勧め）として紹介

このように、固定報酬と一言にいってもパターンがいくつかあります。自身のサイト状況やプロモーションを鑑みて、適切なパターンを選択するようにしましょう。

固定報酬のもらい方

固定報酬をもらうためには以下の条件が必要です。すべてを満たさなければいけないわけではありませんが、条件が重なるほどもらえる可能性は高くなります。

条件❶ 固定報酬に見あった件数が獲得できるサイト

広告主は、何件くらいの成果が発生するかを見越して固定報酬を支払います。そのため、その想定件数をおおよそ獲得できるサイトである必要があります。

条件❷ 広告枠の露出度あいが変わらないサイト

たとえば、記事を更新する度に広告枠の露出が下がってしまうようなサイト

では、広告主は固定報酬で掲載することをリスクと感じてしまうためです。

条件❸ 継続的に件数が見込めるサイト

固定報酬を支払ったあとにすぐにそのサイトの検索順位が落ちると、広告主は固定報酬を無駄に支払ってしまうことになります。よって検索順位をキープでき、安定的に件数が取れるサイトを求めます。

条件❹ 固定報酬を支払うことに対して積極的な広告主がいること

広告主は、固定報酬の実施を進めたあとに件数が全く取れなかった場合は大損になります。そのリスクを取れる広告主でないと実施してくれません。

条件❺ 複数プロモーションがあって広告主の競争が激しいジャンル

広告主の競争が激しいジャンルであれば、こぞって獲得の見込めるサイトに掲載したいと思います。そこで、広告枠を固定報酬で押さえてしまおうという広告主も出てきます。

条件❶ 〜 条件❸ は自身のサイトの条件、条件❹ 条件❺ は広告主側の条件となります。固定報酬は広告主側のほうが高リスクです。そのリスクを払拭できるようなサイト状況であれば、固定報酬を積極的に取りにいくことが望ましいでしょう。

待っていて固定報酬の話がくればラッキーですが、そうそうある話ではないので、自らASPに要望を伝えてみましょう。該当するような広告主がいればASPを介して金額などの条件調整がはじまり、実際に固定報酬がもらえると、afb（アフィb）では以下のように「掲載固定費」という列が追加されます。

固定報酬があると安心感が違うので、目指してみるのもいいでしょう。

年月	Dev	表示回数	Click数	Click報酬	CTR	発生数	発生報酬	CVR	承認数	承認報酬	承認率	未承認数	未承認報酬	掲載固定費	報酬合計
2017/11	PC													¥0	¥0
2017/11	SP													¥0	¥0
2017/11	TAB													¥0	¥0
2017/11	合計													¥120,000	¥0

Check!
1. 固定報酬のメリットデメリットを把握した上で固定報酬をもらおう
2. 固定報酬にも種類がある
3. 固定報酬がもらえる条件を満たそう

プロの技 45 商品提供が可能な広告主

プロの技14 で紹介したとおり、商品レビューはコンテンツづくりにおいて重要です。その際、商品を手に入れるためにご自身で購入する方法以外にも、広告主（ASP）からもらう方法もあります。そのためにはどのようにしたらいいでしょうか。

Point
- 商品提供してくれる広告主の傾向をつかもう
- 広告主が商品提供する意図を理解しよう
- 商品提供してもらう方法を理解しよう

商品提供してくれる広告主の傾向

アフィリエイターへの商品提供を積極的に行っている広告主には、次のような傾向があります。

- テレビCMなどを大量に流すナショナルクライアントよりも、中小企業
- WEBマーケティングの中でもアフィリエイト広告に主軸を置いている
- 商品に自信がある、使ってもらえれば良さがわかると自負している
- 第三者の感想の重要性を理解している
- 業績が好調

また商品提供されやすいタイミングや、商品の特徴は以下です。

- 新商品をローンチしたとき（商品認知が目的）
- アフィリエイト広告以外の広告で露出が増えるとき
- 使用感や味、においなどがイメージしづらい商品
- 商品価格が高すぎないもの

これらを知っておくことで、商品提供を交渉する際の材料になります。中にはプロモーション詳細文に「商品提供可能」と書かれているものもあるので、商品提供が可能な条件を確認し、合致していれば応募してみるといいでしょう。

なお商品以外にも、資料請求したときに届く資料がもらえたり、会員にのみ配っている会報誌などを提供してくれる広告主もいます。

商品提供してもらうには？

❶ 商品に関連したサイト

　大前提ですが、**商品に関連したサイトでないと提供してもらえません**。たとえばニキビケアの商品を提供してほしいなら、ニキビに関するサイトやスキンケアについて広く書かれているサイトでなければいけません。

　また、青汁を飲むとお肌の調子がよくなるというようなコンテンツがある場合、その関連性から青汁商品でもありだと思います。**広い関連性でも構わないので、サイトに訪れるユーザーニーズに関連したサイトが必要**です。

❷ 商品のブランドイメージを損ねないサイト

　デザインがひどかったりコンテンツが乏しかったり、モラルに反するような言葉が入っているサイトはNGです。そこに商品紹介されることによって、ブランドイメージが悪化してしまうと広告主は判断します。

　また、目に余る誹謗中傷があるサイトもNGです。「商品を提供しても同じように悪く書かれるのでは？」と広告主に思われてしまうからです。

❸ 比較ランキングサイト

　ランキングだけではなく、同時に体験レビューコンテンツを載せる場合は商品提供してもらいやすいです。すでにランキングに広告掲載していても、追加でその商品の使用感をレビューするという場合も可能です。

❹ 総合メディアのコンテンツとして

　比較ランキングサイトだけではなく、総合メディアも商品提供してもらいやすいです。その際、**ページ数が多い総合メディアではどこから商品レビューページへリンクさせるかが重要**です。商品レビューページへたくさんユーザーが流れる導線にしましょう。

❺ 特定の商品単体を紹介するサイト

　商品単体を紹介するサイトなので、商品レビューがないとコンテンツが乏しくなりがちです。**CVRを上げる施策ということを広告主（ASP）に伝え、商品提供をしてもらいましょう**。

　商品レビューによってコンテンツがなりたっている場合が多いので、商品提供しないと紹介してもらえないことを大抵の広告主は理解しています。

これらのようなサイトで、件数獲得が見込めるサイトであれば広告主は商品提供をしない理由はないでしょう。

逆に件数獲得ができるかどうかわからないサイトの場合でも、広告主からすれば商品の紹介をしてくれることは嬉しいことですし、特別報酬のようにCPAが上がるわけではないので商品提供は比較的ハードルは低いです。

また過去に別のサイトで件数獲得実績があれば、有力なアフィリエイターということでASP側が交渉してくれる場合もあります。積極的に商品提供の依頼をしてみましょう。

商品提供してもらう手段

商品提供してもらう方法としては以下のようなパターンがあります。

- ASPに依頼し、ASPが広告主と調整する
- ASP側で複数個商品を抱えていて、そこからアフィリエイターへ配る
- セミナーに参加した特典（手土産）で配布している場合も

待っているだけでは、もらえるものももらえません。アクションを起こすことが大事です。無事に商品提供してもらえ、商品レビューができたらASPへの報告を忘れずに行いましょう。

商品提供NGの場合は、**自己アフィリエイト**で商品をゲットしましょう。afb（アフィb）では「セルフB」、A8.netでは「セルフバック」を指します。

商品提供をする広告主の本音

アフィリエイターへ商品提供をすることは、広告主にとってもプラスになることが多いです。

- 件数増加が見込める
- 広告主自身で第三者を装い自社商品のレビューをすることはステルスマーケティングにあたるのでできないので、アフィリエイターがしてくれるとありがたい
- 第三者の意見として商品がどう思われているか参考になる

しかし、広告主にとってはプラスなことだけではありません。次のようなデメリットもあります。

- 商品をつくるのにコストがかかっている
- 正直に感想を書く分には仕方ないが、ひどく誹謗中傷される可能性もある
- 商品提供したはいいが、実際はサイトに掲載されなかった

　先ほど、商品を提供することは比較的ハードルが低いとお伝えしましたが、上記のようなリスクも広告主側にはあります。それを理解してできるだけ商品を魅力的に伝え、件数増加できるように努めましょう。

✅ 広告主の本音をインタビューしました

● 対象広告主

ジャンル：ボディケアクリーム
商品価格：通常約7,000円（定期コースは約4,250円）
これまでに商品提供した数：約100個

　商品価格が7,000円と決して安くない商品ですが、これまでに約100個も商品提供を行っています。広告主の本音やいかに？

Q どうして商品提供するのですか？

A 昔に比べてユーザーのリテラシーも上がり、文章の口コミだけを信頼する時代ではなくなっています。**写真と共に実際の使用感をダイレクトにユーザーに伝えることが大事**だと思っています。臨場感あふれるコンテンツになるといいですね。

Q 正直なところ、アフィリエイター自身に買ってほしいですか？

A 自分で労力やお金を出して買った商品の記事のほうがしっかり書いてくれるのでは!?　と思う部分はありますが、アフィリエイターもきちんと商品紹介することが自身の売上にもつながるはずなので、そこは信じて商品の提供はいとわないです。

Q 無料で配るのはもったいないと思いますか？

A アフィリエイターへ無料で商品提供していくことがスタンダードになってい

ますし、何より商品を紹介したいと思っていただけることはとても嬉しいので、アフィリエイターが取り組みやすいようコスト負担にならない範囲で無料で商品提供しています。**商品の提供希望あれば全然OK**ですよ。

> **Q** もし商品提供したアフィリエイトサイトから成果が上がらなかったらどうですか？

A できればもちろん成果をあげていただきたいですが、そういう結果になったのならしかたないですね。のちのち検索順位が上がって件数が増えた、なんてケースもあるので、長い目で見ます。件数獲得も大事ですが、商品に自信があるのでアフィリエイター同士の口コミで広がるというメリットもあります。

> **Q** 積極的に掲載したいアフィリエイトサイトはどのようなサイトですか？

A **SEO集客のメディアで検索上位に上がっているサイト**ですね。その中でもランキングサイトで一番に推してほしいです。商品単体を紹介しているサイトも重要ですが、**まず比較検討をするユーザーが多い**ですから。

> **Q** 逆に掲載されたくないサイトはありますか？

A 他社の商品と比較をして悪く書かれるのはやめてほしいです。

> **Q** どんなコンテンツを期待しますか？

A **細かくしっかりとした使用感**と、**なぜ効果があるのかという理由**も書いてほしいです。ユーザーにとって納得感あるコンテンツを希望します。またLPに書いてあることだけではなく、人によって感じ方も違うと思うので、**オリジナリティあるコンテンツ**がいいですね。

ただ、正直な感想が全部ネガティブなときは記事にはしてほしくないです（商品に自信はあるのでそんなことはないと思いますが）。参考までに感想は知りたいので、ASPに伝えてもらえるとうれしいですね。

Check!
1. 商品提供してくれる広告主の傾向を知っておこう
2. 商品提供をしてもらいやすいサイトの特徴と提供手段を知っておく
3. 商品提供はタダではないので期待に応えられるようにしよう

プロの技 46 広告主と会うメリットとその方法

アフィリエイトを行う場合、ASPを活用することになるので広告主と会うことは基本的にありません。それでも収益をあげることは可能なのですが、更に上を目指していくのであれば広告主と会う機会をつくることも視野に入れましょう。

Point
- 会うことで互いに熱量を交換できる
- 広告主が登壇するセミナーに参加しよう
- 終わったあとの直接の連絡はNG

✅ 広告主と会うメリット

普段はASPを通じてやり取りしますが、「アフィリエイトで大きく稼いでいこう」「アフィリエイトで生計を立てていこう」と思っている場合は、思い切って殻を破って広告主と会うことをお勧めします。

1 広告主の思いや熱量、担当者の性格をダイレクトに知ることができる

実際に広告主がどういう思いで商品を販売しているのかを知ることができれば、「その商品を一生懸命販売しよう」というモチベーションにつながります。サイトで商品紹介するにも熱が入ることでしょう。

また広告主の担当者の性格やスタンスを見れば、アフィリエイター思いかどうかもわかります。アフィリエイター思いであればより魅力的なバナーやLPを用意してくれたり、報酬アップキャンペーンを行ったりと、プロモーション改善に努めてくれることもあります。

普段直接やりとりすることはありませんが、それらを知っておくとそのプロモーションに積極的に取り組むべきかどうかの判断に役に立ちます。

2 逆に思いや熱量などを伝えることができる

逆にアフィリエイターのあなたから、広告主にアピールできるチャンスでもあります。「こういう思いでサイトを運営しているんだ」、「こんなに思いをかけてアフィリエイトに取り組んでいる」ということを伝えると、広告主の担当者がよりアフィリエイトに予算を使ってくれたり、プロモーション改善に努めてくれるきっかけになるかもしれません。

3 顔と名前を覚えてもらえれば配慮してもらえる可能性がある

たとえば広告主の管理上、やむを得ず提携アフィリエイターの数を制限しなければいけなくなった場合、「〇〇さんは一生懸命だったから提携を維持しよう」と思ってもらえるかもしれません。また定員があるセミナーなども、優先的に参加しやすくなることがあります。

4 提案がすぐに決まることもある

広告主、アフィリエイター、ASPの三者での打ちあわせを行うこともまれにあります。その際、アフィリエイターが提案した内容（たとえば成果報酬アップしてくれればもっと件数が取れるなど）が広告主にささり、その場でOKをもらえることもあります。

✓ 広告主と会う方法

広告主と会うきっかけとしては以下があります。

> ❶ セミナーに参加する（アフィリエイター主導）
> ❷ ASPに依頼する（アフィリエイター主導）
> ❸ ASP担当者から3者打ちあわせの提案が来る（ASP主導）
> ❹ 取り組んでいるプロモーションの広告主からASPを介して声がかかる（広告主主導）

❶に関しては、ASPが主催するセミナーで広告主が登壇するケースがあり、そこで広告主に声をかけるという方法です（ プロの技39 参照）。セミナーに参加すれば誰にでもチャンスはありますが、積極性が大切です。アフィリエイターも複数参加しているので、広告主と接する時間にはかぎりがあります。

❷〜❹に関しては、広告主が会ってみたいと思えるようなサイトや獲得実績を持っていることが条件です。それがない場合は、その広告主の商品をサイト内で一押ししていることや、集客方法や別のジャンルでの実績などを伝えて、これから件数が取れるという期待を持たせることができるといいでしょう。❷〜❹のパターンで会うことができれば、広告主ととても深い関係を築くことができます。

　まとめると、会うハードルは低いが接点が浅いのが❶、会うハードルは高いが接点が深いのが❷〜❹のパターンとなります。アフィリエイト初心者はまず❶、毎月20万円以上稼いでいるアフィリエイターは❷❸にチャレンジしてみましょう。

✅ 広告主と直接やりとりすることについて

　広告主と会ったときには、たいてい名刺を交換します。ただし、名刺を持っていないアフィリエイターもいますし、名刺を交換するのがNGなセミナーもあるので注意してください。名刺を交換すれば広告主の連絡先がわかりますが、ASPによってはアフィリエイターと広告主の直接連絡を利用規約などで禁止しているので、直接連絡することは控えましょう。

　それ以外にも、直接広告主と連絡をとることのデメリットがあります。

- 自分の交渉力が弱いとうまく交渉が進まない
- 複数の広告主だとやりとりの手間がかかる
- 件数が減ったときの広告主からの圧力がダイレクトに来る
- どんな提案をすれば広告主にささるのかノウハウがない
- 足元を見られる可能性がある
- 管理上多くの広告主が嫌がる
- ASPとの関係が悪くなる

　ルールを守ってアフィリエイトを行っていきましょう。

Check!

1. 広告主と会ってお互いの思いを交換しよう
2. アフィリエイト初心者はまずはセミナーに参加がお勧め
3. 広告主との直接の連絡は控えましょう

プロの技 47 稼働前広告の先行公開について

ASPのなかには、これから稼働する予定のプロモーションを事前に知ることができる便利な機能がついているところがあります。早く情報をゲットしてライバルに差をつけましょう。

Point
- 稼働前のプロモーションを把握しよう
- 情報でライバルに差をつけよう
- 限られたASPでしか現状提供していない機能

✅ 稼働前プロモーションの先行公開情報を活用しよう

プロモーションが稼働すると、提携をして広告（リンクコード）を自分のサイトに掲載することができます。それに対して稼働前プロモーションの先行公開とは、**まだプロモーションが稼働していない状態で、報酬や概要、広告原稿などを閲覧することができ、さらには提携申請まで行うことができる機能**です。

簡単にいえば、「まだ広告掲載はできないけれど、先にプロモーションを見て準備しておけますよ！」というものです。この機能を活用してプロモーション稼働と同時に広告掲載を行い、成果をあげていくということも可能です。

広告主の中には、「まだバナー原稿が揃っていない」という理由や「成果計測のテストがうまくいっていない」、「情報統制」などの理由から先行公開はNGというところもあり、すべてのプロモーションが先行公開されているわけではあ

りません。

　早くプロモーションを知ってもらうことは広告主・ASP・アフィリエイターすべてにとってメリットがあることです。その先行公開機能があるASPとしては積極的に先行公開できるように広告主に働きかけを行っています。

✅ 稼働前プロモーションを知ることのメリット

　稼働前プロモーション情報を先に知るメリットは、**ライバルアフィリエイターより先にサイト作成できる**ことです。

　しっかりしたサイト作成をしようとすると時間がかかります。たとえば商品レビューをする場合、商品を注文し、手元に届いたものを試してみてからサイト作成すると、少なくとも1〜2週間かかってしまうのではないでしょうか。プロモーション稼働後に「ヨーイドン！」でサイト作成を行うと、どうしても初心者はトップアフィリエイターには勝てないので、**先に準備しておくことが重要**なのです。

　そのほかに、**ライバルがそのキーワードでSEO対策する前に対策できる**メリットもあります。稼働前プロモーションの商品名（サービス名）で検索したときに、上位に上がっているアフィリエイトサイトはほぼないはずだからです。

　これらのように、稼働前プロモーション情報を事前に知ることができ、サイト作成に早く着手できるというのは先行者メリットがあります。

✅ 稼働前プロモーションを見れるASPとその使い方

　稼働前プロモーションはafb（アフィb）、AccessTrade、A8.netで見ることができます。以下にafb（アフィb）を例にその見方をお伝えします。

◆ afb（アフィb）　https://www.afi-b.com/

afb（アフィb）にログイン後、「条件指定」をクリック

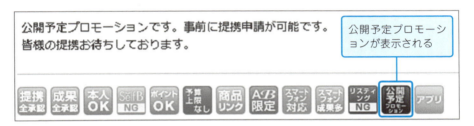

このように操作すると、公開予定プロモーションが表示されます。

提携申請は可能ですが、広告原稿取得はまだできない状況です。提携申請後、提携がされれば、プロモーション稼働後にすぐに広告原稿取得可能となります。

なお、AccessTradeは「開始前プロモーション」、A8.netは「プレ稼働」という呼び名をしています。

稼働前プロモーションの情報をいち早くゲットして、早くサイト作成し、ライバルに差をつけましょう。

> **Check!**
> 1. 稼働前プロモーションは広告原稿の取得はできないが、提携申請までは出来る
> 2. 先行公開情報をいち早くゲットしてサイト作成をしよう
> 3. 稼働前プロモーションの先行公開機能はAccessTrade、A8.net、afb（アフィb）にある

プロの技 48 提携できない広告主の実態

「このプロモーションで稼ごう！」と提携申請を行い、期待を膨らませること数日、待てど暮らせどいっこうに提携できず、1カ月ほど経ってようやく提携できた。そんな経験をしたことがある人もいるのではないでしょうか。なぜそんなに時間がかかってしまうのか、その謎を解説したいと思います。

Point
- 広告主のブランドを毀損するようなサイトは提携できない
- なかなか提携がされない場合はASPに連絡しよう
- 自動提携のほうがサイト作成がスムーズ

 そもそもなぜ自動提携ではないのか？

プロモーションと提携できないと、アフィリエイターは広告掲載ができません。広告主もアフィリエイターに早く提携してもらったほうが広告掲載も進み、売上げアップにつながりやすいです。しかしアフィリエイトをはじめて実施する広告主や、過去にアフィリエイトサイトで何らかのトラブルがあった広告主などは、「自動提携」ではなく「手動提携」を広告主は選択します。**手動提携にし、掲載サイトを事前に把握したい**わけです。その際に、アフィリエイトサイトの以下のことをチェックしています。

- サイトコンテンツのチェック
- 不正サイトの判断
- ブランドイメージにあっているサイトか

また、ジャンル別でも手動提携プロモーションの数に傾向があります。afb（アフィb）では、取り扱いのある 約2,650 プロモーションのうち 約870 プロモーションが手動提携です（2018年2月末時点）。その手動提携プロモーションをジャンル別に分類したトップ10が以下の表です。

●afb（アフィb）手動提携プロモーションに対応しているジャンルトップ10

ジャンル	手動提携プロモーション数
スキンケア	57
健康食品	52
結婚相談・婚活	38
その他エステサロン	30
美容外科（メンズ）	29
その他美容外科	27
外国為替（FX）	27
債務整理・士業	20
その他ヘアケア	19
クレジットカード	18

　化粧品、健康食品、エステ・クリニック、結婚相談、金融系の広告主では手動提携が多い傾向があります。やはり先に述べた「アフィリエイトサイトのコンテンツが不適切でないか、内容が充実しているか」、「ブランドイメージにマッチしているか」などの思いが強い広告主が手動提携にしているのがわかると思います。

手動提携で提携が進まない理由

1 掲載サイトを事前にチェックするため

　手動提携にしている理由で一番多いのが、事前に掲載されるサイトをチェックしたいためです。前述したような不安が広告主にはあります。具体的には以下の場合、提携が進みません。

- 薬機法や健康増進法、景品表示法など法令に抵触するような過激な表現がひどい場合
- アダルト、差別的表現、ジャンルがかけ離れているなど商品イメージを毀損(きそん)するような文言や画像がある場合
- 記事が数行であったり、バナーや画像しかないような、掲載しても売上アップにつながらなさそうなコンテンツが薄いサイト
- プロモーションの提携基準に反しているサイト(提携基準は各プロモーションの紹介文に記載されています)

 また、実は掲載サイトを事前にチェックするため以外にも、以下の理由で提携が進まないことがあります。

2 管理サイト数

 提携サイト数が増えると、広告主は1つ1つのサイトを細かく把握していくことが困難になります。たとえばアフィリエイトサイトの広告掲載内容が提携審査段階と変わっていても、提携サイト数が多いと定期的にサイトを見ることも難しく、把握しきれなくなります。

 そのため「これ以上提携サイトを増やすと管理できないな」と広告主が判断したときから、提携サイトを厳選するようになる場合があります。

3 予算都合

 広告主は年間や四半期、月間でアフィリエイトに使う予算を決めており、大手広告主ほどそういう傾向があります。その予算を遥かに上回るような勢いで獲得してくれているアフィリエイトサイトがある場合には、新たな提携審査を一旦ストップする場合があります。広告主側で予算を増やしていけることもあるので、その場合は提携審査がストップすることはありません。

4 提携作業忘れ

 これは残念ですが、一部の広告主で提携作業を忘れているということもあります。提携が進まない場合は一度ASPに問い合わせをしてみましょう。

✓ 自動提携を選ぼう

 これまで提携が進まない理由についてお伝えしてきました。手動提携では提携に時間がかかるプロモーションもあれば、逆に1日で提携が完了するプロモーションもあります。しかし、自動提携と比較すると提携時間には差が出ます。

プロモーションの提携のしやすさでいえば、**自動提携＞手動承認＞クローズド**です。早く広告掲載を進めたい場合は、自動提携のプロモーションを選定するようにしましょう。

以下に、各ASPでの自動提携プロモーションの探し方を紹介します。

◆ afb（アフィb）

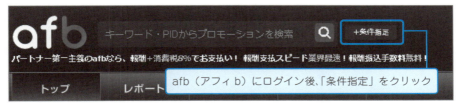

afb（アフィb）にログイン後、「条件指定」をクリック

「提携承認」を「自動」にチェックを入れて検索すると、自動提携プロモーション一覧が表示される

◆ A8.net

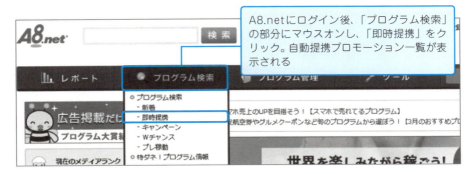

A8.netにログイン後、「プログラム検索」の部分にマウスオンし、「即時提携」をクリック。自動提携プロモーション一覧が表示される

◆ AccessTrade

AccessTradeにログイン後、プログラム情報をクリック

プログラム検索画面で詳細検索（どちらでも可）をクリック

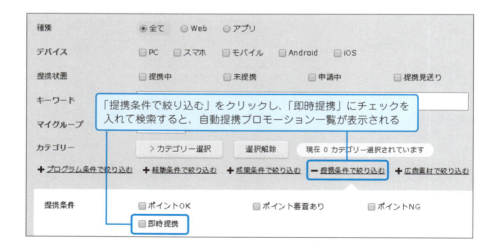

「提携条件で絞り込む」をクリックし、「即時提携」にチェックを入れて検索すると、自動提携プロモーション一覧が表示される

Check!
1. 手動提携になっているのには理由がある
2. 手動提携の場合はある程度サイトをつくり込んでから提携申請しよう
3. 早く掲載したい場合は自動提携プロモーションを選ぼう

あとがき

最後までお読みいただきありがとうございました。

アフィリエイトを実践されている人にとっては、すでにご存知の内容もあったかもしれません。ただ、少なくともいくつかは今後のアフィリエイト活動に活かせる情報があったのではないでしょうか。

メディアを運営されるアフィリエイター様の少しでもお役に立てていれば幸いです。

最近では、政府が「副業・兼業」を推進する動きも出てきています。皆様がアフィリエイトに本気で取り組むことでアフィリエイトの裾野が広がり、結果的にアフィリエイト業界がもっともっと盛り上がれば私も嬉しく思います。

アフィリエイトは以前より稼ぐのが難しくなったという声も聞きます。確かに集客の方法、コンテンツのつくり方など一筋縄ではいかない部分もあります。

しかし一方で、月間で数百万、数千万円を現在も稼ぎ、夢を叶えた人がいるのも事実です。これからは、ユーザーに対して誠実で、価値を届けられるメディア運営をできる人が生き残っていくと考えています。

アフィリエイトの可能性を信じ、本書があなた自身の目標や夢に到達するための礎になることを祈っています。

最後になりましたが、本書の出版を決定していただいたソーテック社の福田様。

企画から共著として執筆まで行っていただき、私の夢の1つを叶えていただいた株式会社 Smartaleck の河井様。

情報提供にご協力いただいたサイト運営者様、広告主様、ASP 様。

関わるすべての皆様に厚く御礼申し上げます。

納谷朗裕

●協力	・株式会社アルビノ	http://www.albino.xyz/
	・株式会社ビーボ	http://bbo.co.jp/
	・株式会社パートナーエージェント	https://www.p-a.jp/
	・株式会社フォーイット	http://www.for-it.co.jp/
	・アフィリエイト会員サービス「ALISA」	http://alisa.link/

現役ASP役員が教える
本当に稼げるアフィリエイト
アクセス数・コンバージョン率が1.5倍UPする プロの技48

2018年4月10日　初版第1刷発行
2019年4月20日　初版第2刷発行

著　者　　納谷朗裕　河井大志
発行人　　柳澤淳一
装　幀　　植竹裕
編集人　　福田清峰
発行所　　株式会社 ソーテック社
　　　　　〒102-0072 東京都千代田区飯田橋4-9-5　スギタビル4F
　　　　　電話：注文専用　03-3262-5320
　　　　　FAX：　　　　　03-3262-5326
印刷所　　図書印刷株式会社

本書の全部または一部を、株式会社ソーテック社および著者の承諾を得ずに無断で
複写（コピー）することは、著作権法上での例外を除き禁じられています。
製本には十分注意をしておりますが、万一、乱丁・落丁などの不良品がございまし
たら「販売部」宛にお送りください。送料は小社負担にてお取り替えいたします。

©AKIHIRO NOUTANI & DAISHI KAWAI 2018, Printed in Japan
ISBN978-4-8007-2052-8